Deutsche Dogge

DETLEF GÜGEL

Deutsche Dogge

Geschichte Haltung Ausbildung Beschäftigung

KOSMOS

Zum Geleit

Mit der Deutschen Dogge verbinden die meisten Hundefreunde nicht nur die Vorstellung von großen und imposanten Hunden. Doggen gelten als majestätisch, erhaben und würdevoll. Gleich hat man Bilder Bismarcks mit seinen „Reichshunden" vor Augen. Oder andere historische Darstellungen – der Adel ließ sich gerne in Begleitung dieser großen und eleganten Hunde abbilden. Damit wurde eine Botschaft vermittelt. Heute nennt man so was Imagetransfer. Die Dogge, der Hund der Mächtigen und Reichen? Die Dogge, eine lebende Bronzestatue?

Wenn man dieses Buch in Händen hält und durchblättert, stößt man rasch auf Begriffe, die wir von einer Dogge erwarten können: groß, kräftig, edel, stolz und elegant. Sie macht auch heute noch Eindruck – die Dogge. Das betonen auch zahlreiche Bilder im Buch. Man findet jedoch auch andere Abbildungen: Können Doggen ihre würdevolle Erhabenheit aufgeben und albern sein? Es hat den Anschein. Und: warum sollen sie auch nicht? Sie sind auch Hunde, und als solche haben Doggen mehr drauf, als imposant dazustehen.

Detlef Gügel weiß das. Er wird seit fast einem halben Jahrhundert von Doggen begleitet und kennt sie in allen Lebenslagen: erhaben und albern. Er versteht aber nicht nur etwas von Hunden. Er arbeitet auch gerne mit Menschen. Weil man voneinander lernen kann, Erfahrungen austauschen und weitergeben kann. Diese Einstellung prägt auch sein Buch. Es ist kein weiterer Lobgesang auf diese besondere deutsche Hunderasse. Er verliert sich nicht umständlich in der Nacht der Zeiten. Ihm genügt ein kurzer Rückblick auf die Entstehung, die ursprüngliche Verwendung dieser Hunderasse. Dies ist sinnvoll, hilft es doch, Eigenschaften und Talente einer Dogge zu erkennen und zu fördern.

Geflecktzucht ist am schwierigsten.

Die gründliche und konsequente Erziehung und die vielfältigen Möglichkeiten der Ausbildung einer Dogge bilden den Schwerpunkt dieses Buches. Das Zusammenleben mit einem Hund beschränkt sich eben nicht darauf, diesen zu betrachten. Eine enge soziale Bindung zwischen Mensch und Hund entsteht nicht von alleine. Dieses Buch vermittelt Anfängern wie Fortgeschrittenen, was über die Begeisterung hinaus mit dem Hund getan werden muss, damit die Dogge das werden kann, was wir von ihr erwarten: ein harmonischer Familienhund – der auch mal albern sein darf.

Die ausdruckstarken Fotografien – fast ausnahmslos von der Doggen-Liebhaberin Jutta Bauernschmitt – illustrieren nicht nur die einzelnen Kapitel vorzüglich; sie setzen auch Detlef Gügels Leidenschaft für die Deutsche Dogge ins Bild, seine Begeisterung, die er mit diesem Buch teilen und weitergeben will.

Bei mir ist ihm das gelungen – was bei einem Menschen, den Hütehunde durchs Leben begleiten etwas bedeuten mag…

Udo Kopernik
Mitglied des VDH-Vorstandes

DIE GESCHICHTE DER DEUTSCHEN DOGGE

Bärenfänger, Bullenbeißer und Saurüden

Beschäftigt man sich mit der Entstehungsgeschichte der Rasse Deutsche Dogge, so wird man schnell an Grenzen stoßen, da es sich um eine alte Rasse handelt. Man kann sich dabei nur auf die vorhandene Literatur beziehen. So habe ich mich zum überwiegenden Teil auf die Aufzeichnungen des Schriftstellers und Malers Richard Strebel bezogen, der ein hervorragender Kenner des Szenarios um die Deutsche Dogge war und sein Wissen 1903 veröffentlichte. Aber auch andere Veröffentlichungen wurden herangezogen, um die Ursprünge der Deutschen Dogge zu ergründen.

Frühe Spuren

Der Paläontologe und Zoologe Professor Alfred Nehring beschrieb einen Schädel des „Canis decumanus“, der im landwirtschaftlichen Museum in Berlin ausgestellt ist. Er stellte dazu fest, dass es bereits im Altertum große doggenartige Hunde gab. Einige Geschichtsschreiber sehen den Tibeterhund als Stammvater unserer Dogge. Es gibt auch Hinweise, dass die Dogge ägyptischen Ursprungs ist. Festgemacht wird dies an einem Steinbild, das im Louvre in Paris steht. Es ist jedoch fraglich, ob sich dieses für eine Rassebestimmung eignet, zumal auch die Gesamtgröße von 45 cm eher dafür spricht, dass es sich um keinen besonders großen Hund handelt. Wäre dies der Fall gewesen, hätte man diesen sicher eher überlebensgroß dargestellt.

Stolz, Kraft und Adel

Die ersten Doggentypen

Die ersten Typen der Dogge finden sich vielleicht in Spanien, und zwar auf Deckengemälden der Ende des 14./Anfang des 15. Jahrhunderts erbauten Alhambra, wo man Sauhatz und Bärenjagd bewundern kann. Alphonso XI. von Kastilien (1320 – 1350) schrieb ein Jagdbuch, in dem er sich eingehend mit der damals in Spanien existierenden Doggenart „Alano“ beschäftigte. Dieser Hund hatte Ähnlichkeit mit dem Mastiff.

Marco Polo (1254 – 1323) erzählt von seiner Reise durch die Mongolei, China und Indien und schildert dabei eine Hunderasse, die unserer Doggenform ziemlich entspricht. Auch auf einigen alten Bildern sehen wir doggenähnliche Hunde, wie z. B. auf einem Gemälde von Giovanni Benedetto (1676 – 1764), auf dem eine prachtvolle Dogge von einem Knaben am Stachelhalsband gehalten wird. Wir wissen auch, dass die alten Germanen sehr starke Hunde auf ihren Kriegszügen mitgeführt haben. Auch die Alemannischen Gesetze sprechen von Bärenfängern, Bullenbeißern und Saurüden.

Weiterhin haben sich frühe Schriftsteller wie Gessner (14./15. Jahrhundert) mit großen Hunden wie den Molossern beschäftigt. Eingehender spricht Johann Tänzer (1699) in seinem Werk: „Der Dianen hohe und niedere Jagdgeheimnus“ von Doggen, die er „Kammer- und Leibhunde“ nennt. Diese seien an den Fürstenhöfen gehalten worden, hätten goldene und silberne Halsbänder getragen und würden gegen die Verletzungen durch Bär und Sau mittels eines Panzers geschützt,

Diese gefleckte Dogge aus dem Band I des Deutschen-Doggen-Stammbuchs unterscheidet sich nicht nur in der Farbe von unseren heutigen weiß-schwarz gefleckten Exemplaren.

der aus Leinwand, Wolle, Baumwolle und Fischbein hergestellt wurde. Man hätte noch eine andere Art von Hunden, die er Zwitter von Doggen nennt, Bärenbeißer. Diese hätten gestutzte Ohren und Ruten und einen dicken Kopf, seien aber nicht so groß wie die englischen Doggen. Der hier zum ersten Mal auftauchende, nach England weisende Name des Hundes dürfte darauf zurückzuführen sein, dass die englische Bezeichnung für Hund „Dog“ lautet und man dies einfach übernahm.

So wurden als Gastgeschenke für Fürsten oftmals lebende Tiere eingeführt, eben auch Hunde, die zur Jagd verwendet wurden. Diese wurden dann mit einheimischen Hunden verpaart, um besondere Vorzüge zu erhalten oder auch zu verbessern.

Zu dieser Zeit führte man in Pommern Hatzrüden, die sehr wahrscheinlich aus Doggenblut stammten und „pommersche Rüder“ genannt wurden. Dieser Name ist insofern besonders interessant, da man offensichtlich diese Bezeichnung nicht nur für männliche Hunde gebrauchte, sondern für diese Gruppe, soweit man hier nicht schon von Rasse sprechen möchte.

Dietrich Winkell schildert in seinem Handbuch für Jäger die zu seiner Zeit gebrauchten Hetzrüden (Hatzrüden) erstmals als dänische Blendlinge (eher ein Begriff aus dem

Standarddefinition des Kopfes: Mäßig langgestreckt und eher hoch und seitlich zusammengedrückt als breit und platt erscheinend. Ohren hoch angesetzt und spitz zulaufend.

Englischen; to blend = mischen, vermischen, vermengen), was darauf hinweisen könnte, dass Doggenartige mit anderen Rassen gekreuzt wurden. In Dessau wurden Ende des 18. Jahrhunderts noch etwa 1 000 Sauen pro Jahr mit Hatzrüden gejagt. Nach den Bildern, die uns überliefert sind, waren diese Hunde Doggen, meist schwarz-weiß oder rot-weiß gefärbt, aber vereinzelt auch blau.

Viele Namen

Die Bezeichnung „Grand danois“ wurde erstmals von dem Franzosen de Buffon genannt und dann von den Engländern in „Great Dane“ umgewandelt. In deutschen Landen waren die Begriffe Ulmer Dogge, Dänische Dogge, Englische Dogge aber auch Englischer Hund verbreitet. So war die Ulmer Dogge im südlichen Raum und die Dänische Dogge im nördlichen Raum Deutschlands beheimatet. Erst durch die zielgerichtete Zucht und die Initiative der Züchter innerhalb Deutschlands im 19. Jahrhundert wurde eine einheitliche Dogge gezüchtet und unter dem Sammelbegriff „Deutsche Dogge“ in das erste Stammbuch für Deutsche Doggen eingetragen. Die Festlegung der Eigenschaften und des Aussehens trafen einige Züchter, die sich untereinander absprachen, bereits

Der Reichshund

Fürst Otto von Bismarck, Gründer des ersten Deutschen Reiches und Reichskanzler nach der Proklamation des preußischen Königs Wilhelm I.,hatte eine Vorliebe für Deutsche Doggen. Die Begriffe wie „Reichshund" oder „Nationalhund", die zeitweise in der Literatur als Bezeichnungen für unsere Deutsche Dogge auftauchen, sind zweifellos auf diesen Umstand zurückzuführen. Zu Begebenheiten Bismarcks mit seinen Doggen gibt es zahlreiche Anekdoten. Von allen Hunden, die einen Platz in der Geschichte haben, ist Tyras – die berühmte Ulmer Dogge des deutschen Kanzlers – der einzige Hund, dessen Tod für so wichtig gehalten wurde, dass er als Ereignis nicht nur von europäischen, sondern von kosmopolitischem Interesse durch die ganze Welt gekabelt wurde. Im Bismarckmuseum in Schönhausen in Sachsen-Anhalt liegt ein breites Doggenhalsband mit dem eingestickten Namen „Tyras II". Fürst Otto von Bismarck besaß fast 60 Jahre lang Deutsche Doggen.

einige Jahre vor Festlegung eines Rassestandards. Erst damit wurde der Grundstein für die Rasse Deutsche Dogge gelegt. Nun war es die Aufgabe, diese zu erhalten und zu verbessern. Man kann also davon ausgehen, dass die Dogge Vorfahren unter den molossoiden Rassen der Vorzeit hat, aber erst durch die Veredelung ihrer Liebhaber in der Mitte des 19. Jahrhunderts zu einer eigenständigen Rasse wurde, der Deutschen Dogge.

Richard Strebel (1861 – 1940) brachte es mit seiner Feststellung auf den Punkt: „Auch wenn die älteren Vorfahren unserer Dogge anderswo herstammen und mag auch anderswo fremdes Blut zugeführt worden sein. Eins steht unerschütterlich fest, so wie sich die Dogge uns heute darstellt, ist sie auf deutschem Boden entstanden."

Aus diesem Grunde habe ich mich an die verlässlichen Aufzeichnungen gehalten, die im Deutschen Doggen Stammbuch, herausgegeben 1897 vom Deutschen Doggen Club, wiedergegeben sind. Dort heißt es, dass über das tatsächliche Alter der Rasse leider keine genauen Angaben gemacht werden können. Bekannt ist nur, dass die Deutsche Dogge, natürlich unter den bereits erwähnten Namen und in gröberer Bauart, schon viele Hundert Jahre existiert. So soll es die älteste bekannte Doggendarstellung sein, die als Außenrelief an der spätromanischen Johanniskirche (13. Jahrhundert) inmitten der alten Staufferstadt Schwäbisch Gmünd in Augenhöhe angebracht ist. Es zeigt zwei Doggen mit mächtigen Kiefern, edlem Hals und kupierten Ohren, die als Jagdhunde von einem ins Horn blasenden Jäger an einer gemeinsamen Koppel geführt werden.

Weitere Kupferstiche und Ölgemälde zeigen große, kräftige, kurzhaarige Hunde, die

100 Jahre danach. 1987 modellierte der Direktor der Hutschenreuther-Kunstabteilung Gunther R. Granget eine 29 cm große Jubiläumsdogge aus feinstem Porzellan nach Heiko von der Burg Thann.

mit der Deutschen Dogge eine Ähnlichkeit aufweisen, die uns zu der fundierten Überzeugung kommen lassen, dass diese Hunde die Vorfahren unserer Deutschen Doggen waren, die es zur Jahrhundertwende gab. Schon damals, nachdem die Hunde nicht mehr zur Jagd Verwendung fanden, sondern nur noch aus Liebhaberei gehalten wurden, hatte man den leichteren Typ für die Zucht verwendet. Aber um nach wie vor kräftige Hunde zu erhalten, waren unsere Gründerväter bestrebt, Hunde mit einem möglichst starken Knochengerüst zu züchten. Trotz aller Eleganz ist dies auch heute noch das erklärte Zuchtziel.

Auf dem Weg zum Rassehund

Vom Saurüden zum Luxushund

Der Grundstein für die Zucht der Deutschen Dogge, wie sie sich uns heute darstellt, wurde im Jahr 1897 gelegt, in dem der erste Band des Zuchtbuches mit einem reichen Illustrationsteil und 540 Eintragungen erschienen ist.

Im Vorwort dieses Buches hieß es: „Nach vieler Mühe und Arbeit ist das Werk gelungen, welches für die Zucht der schönsten Luxushunderasse, der Deutschen Dogge, dereinst von ganz besonders hohem Werth sein soll.“ Damit wurde gleichzeitig dokumentiert, dass die Dogge als Hatzhund ausgedient hatte. Sie war zum Luxushund geworden: Sie wurde aus Liebhaberei gezüchtet und gehalten. Sie musste nicht mehr Wildschweine packen, die dann mit der Saufeder abgefangen wurden. Gejagt wurde mittlerweile mit Gewehren. Das Privileg, sich eine Deutsche Dogge zu halten, hatte in dieser Zeit beileibe nicht jeder. Neben dem Kaufpreis waren es die nicht unerheblichen Futterkosten, die für einen so großen Hund aufzubringen waren.

Die Proportionen müssen stimmen, wie bei dieser Hündin. Nicht Größe und Gewicht sind ausschlaggebend, sondern eine harmonische Gesamterscheinung.

Der erste Rassestandard

Zur gleichen Zeit wurde die erste Rassebeschreibung der Deutschen Dogge formuliert. Sie weicht nur in einigen wenigen Punkten von der heute gültigen Fassung des Rassestandards ab, der unter der Nummer 235 bei der Weltorganisation, der Fédération Cynologie International (FCI), hinterlegt ist. Dies ist ganz sicher ein Verdienst des Deutschen Doggen Clubs 1888 e. V., seiner verantwortlichen Funktionäre, wie auch der Züchter und Richter. Der Rassestandard zeigt auf, wie die Deutsche Dogge sein soll, und ist ein Wegweiser für die Zucht, um die festgelegten Merkmale der Rasse zu erhalten. Er ist ein Idealbild, und nicht jede Deutsche Dogge kann alle Merkmale in gleicher Weise aufweisen.

Proportionen und Gesamtbild

Für den reinen Liebhaber dieser Rasse, der weder Züchter noch Aussteller ist, spielt es keine Rolle, ob alle Körperproportionen seines Lieblings exakt mit dem Standard übereinstimmen. Wichtig ist für ihn das Gesamtbild. Deshalb soll hier auch nur die Definition der Gesamterscheinung wiedergegeben werden, wie sie die Gründerväter formuliert haben: „Sie hat nicht das Plumpe und Schwerfällige des Mastiffs, ebenso wenig die zu schlanke und leichte, an den Windhund erinnernde Form, sondern hält die Mitte zwischen beiden Extremen.“

Und genau dies ist ein Punkt, in dem sich die Deutsche Dogge in den letzten 30 Jahren von dieser Definition etwas wegentwickelt hat, sogar nochmals unterschiedlich stark in einzelnen Ländern. Grob gesagt finden wir im Süden Europas eher den schwereren Typ, in den nordeuropäischen Ländern wird der leichtere Typ bevorzugt.

Es ist faszinierend, mit welcher Kraft sich diese großen Hunde bewegen. Wer kann sich nicht an so viel Lebensfreude begeistern?

Fellfarben

Veränderungen, wenn auch oftmals nur in Nuancen, hat es im Wortlaut des Standards zur Beschreibung der Fellfarbe gegeben. Unterschieden wurde ursprünglich nur zwischen gestromten und einfarbigen Doggen. Bei den gestromten war die Grundfarbe vom hellsten Gelb bis zum dunklen Rotgelb mit schwarzen Querstreifen standardgemäß. Die einfarbigen Doggen waren gelb oder grau in den verschiedensten Tönen, entweder ganz einfarbig oder mit dunklem Anflug an der Schnauze und den Augen und teilweise mit einem Rückenstreifen, sowie einfarbig schwarz. Dann gab es noch die gefleckten Doggen; deren Grundfarbe war weiß mit unregelmäßig zerrissenen, über den ganzen Körper möglichst gleichmäßig verteilten, schwarzen oder grauen Flecken.

Imposante Größe

Eine weitere, wenn vielleicht noch nicht so entscheidend wahrgenommene Veränderung der vergangenen 125 Jahre zeigt sich in der Größe der Deutschen Dogge. Während im Standard anderer Rassen oftmals ein Mindest- und Höchstmaß angegeben wird, war dies bei der Deutschen Dogge nicht so. Bis zum Jahre 2012 gab es immer nur eine Mindestgröße, die die Hunde erreichen mussten. Im ersten Standard wurde festgeschrieben, dass die Schulterhöhe der Rüden nicht unter 76 cm liegen durfte, möglichst aber 80 cm sein sollte und die Schulterhöhe einer Hündin nicht unter 70 cm, möglichst aber 75 cm betragen sollte. Diese Maße haben sich im Laufe der Jahre verändert auf ein Mindestmaß von 80 cm für Rüden und 72 cm für Hündinnen. Diese gelten auch heute noch. Die Doggen konnten nicht groß genug sein. Es gab Züchter und Deckrüdenbesitzer, die neben den anderen Vorzügen vor allem die Größe ihrer Hunde in den Fokus stellten. Bei den Deckrüden wurde oftmals um Zentimeter diskutiert. Der Gesundheit zuliebe wurde im Standard nun auch ein Höchstmaß für Deutsche Doggen festgeschrieben. Für Hündinnen beträgt es 84 cm und für Rüden 90 cm.

Anforderungen an die Rasse

Eine harmonische Gesamterscheinung ist das Ziel. Deutsche Doggen müssen den Anforderungen entsprechen, die die Liebhaber an sie stellen. Sie sind heute als alltagstauglicher Familien- und Begleithund gefragt. Der aktive Doggenfan möchte mit seinem Hund z. B. auch Hundesport in all seinen Ausprägungen betreiben. Das gelingt besser mit einer Dogge, die beweglich und gesund ist. Es ist also kein Platz mehr für eine 95 cm große und 100 kg schwere Dogge, deren Beweglichkeit, aber auch Lebenserwartung eingeschränkt ist.

Ist die Dogge richtig erzogen und sozialisiert, ist es kein Problem, sich frei mit ihr in Wald und Flur zu bewegen. Verantwortungsvolle Reiter können das Leistungsvermögen ihrer Dogge richtig einschätzen.

Die Beliebtheit der Dogge

In den Sechzigerjahren waren Deutsche Doggen im Gegensatz zu heute noch relativ selten auf unseren Straßen zu sehen. Obwohl, und das ist belegt, damals schon genauso viele Doggen gezüchtet wurden wie heute. Zumindest ist dies aus den Statistiken ersichtlich, die durch die Zuchtvereine zur Verfügung stehen. Nach Angaben des Verbandes für das Deutsche Hundewesen (VDH) zählen die Deutschen Doggen zu den zehn beliebtesten Hunderassen in Deutschland.

Gezüchtet werden unter dem Dachverband VDH von den beiden deutschen Zuchtvereinen jährlich ca. 1.400 Welpen, also aus kontrollierter Zucht. Aus nicht kontrollierten Zuchten kommen noch einmal ca. 2.300 Doggenwelpen hinzu. Diese Zahl ist geschätzt, auf Grundlage der Anzahl der Welpen aller Rassen aus nicht kontrollierten Zuchten in Deutschland. Hinzu kommen auch noch Doggenwelpen, die importiert werden. Denn auch in der Hundezucht gilt das Marktgesetz von Angebot und Nachfrage. Die Nachfrage nach einem großen, imposanten, kurzhaarigen und menschenbezogenen Familienhund mit einem ausgeprägten, freundlichen Wesen, mit dem auch Hundesport betrieben werden kann, ist da.

Das Angebot stammt aber im Zeitalter des Internets nicht mehr nur von organisierten Züchtern. Jeder, der eine Doggenhündin besitzt und diese belegen lässt, kann Welpen anbieten. Es war niemals einfacher als heute, mit wunderschönen Bildern und gefühlsbetonten Texten fast zum Nulltarif Hunde übers Netz zu verkaufen. Marktplätze dafür gibt es genügend. Leider, und davon kann sich jeder selbst überzeugen, werden viele dieser Deutschen Doggen in den verschiedensten Internetportalen und Printmedien von den Besitzern wieder „umständehalber“ zum Kauf angeboten.

Doggenhaltung heute

Menschen, die mit einer Deutschen Dogge leben möchten, sind sehr viel jünger geworden. Es leben mehr Familien in Eigenheimen,

So macht Spazierengehen beiden Freude, mit durchhängender Leine und völlig entspannt.

Nach fast 50 Jahren sind wir immer noch voller Begeisterung für diese Hunderasse. Selbst mit mehreren Deutschen Doggen können entspannte Spaziergänge unternommen werden.

die solch große Hunde halten möchten und auch können. Viele erfüllen sich ihren Kindheitstraum: Ein großer, schmusiger, kurzhaariger Hund, der im Haus oder in einer Wohnung gehalten werden kann, sofern diese entsprechend groß ist und nicht gerade in oberen Stockwerken liegt. Bemerkenswert ist hierbei, dass es sehr oft Frauen sind, die sich diese Rasse wünschen. Vielleicht spielt hier das Gefühl des Beschütztseins eine Rolle. Auch unsere Mobilität hat sich verändert, und die ist wichtig, wenn es darum geht, ob eine Deutsche Dogge bei uns einzieht. Große Hunde können heutzutage problemlos mitgenommen werden. Kaum jemand fuhr früher ein Auto, das zur Beförderung einer Dogge geeignet war. Eine Herausforderung stellte auch die Fütterung dieser großen Hunde dar. Fertigfutter, wie wir es heute in vielen Variationen kennen, gab es früher noch nicht. Frischfleischfütterung war angesagt. Diese musste man sich leisten können, mit allen Nebenerscheinungen wie Kühlschrank, Gefriertruhe usw. In diesem Kontext kam es auch zu den Standardaussagen, mit denen Doggenbesitzer oft konfrontiert wurden: „Eine Deutsche Dogge würde mir auch gefallen, die sollen ja sehr lieb sein, aber die Futterkosten für einen so großen Hund sind ja doch sehr hoch." Mittlerweile gibt es eine Riesenauswahl an Fertigfutter, das einfach zu beschaffen ist und auch den Geldbeutel nicht so stark belastet.

Bevor man sich für eine Deutsche Dogge entscheidet, sollte man sich unbedingt vorher informieren, gründlich und nicht geschönt. Zum eigenen, aber ganz besonders zum Schutz des Hundes. Am besten bei

Eine Deutsche Dogge ist vielseitig. Sie liebt es, bei Spaziergängen ausgelassen zu toben. Mit Sachverstand ausgebildet, arbeitet sie freudig im Hundesport mit.

seriösen Züchtern, aber auch durch den Besuch von Hundeausstellungen, Hundeübungsplätzen und natürlich durch entsprechende Literatur. Kommt ein so großer Hund erstmals ins Haus, muss man bereit sein, die damit verbundenen Veränderungen und Einschränkungen zu akzeptieren. Und dies nicht nur für kurze Zeit, sondern ein ganzes Hundeleben lang. Das sind im Idealfall so um die zehn Jahre.

Zu einer harmonischen und vertrauensvollen Beziehung zwischen einem so großen und kräftigen Hund und den Menschen gehört das rechtzeitige und konsequente Einordnen in die Familie. Ist eine Dogge, ob als Welpe oder auch erwachsener Hund, erst einmal eingezogen, ist es für grundlegende Überlegungen zu spät. Es gibt nichts Schlimmeres für diesen sehr feinfühligen Hund, als, mehrmals „umständehalber abgegeben", immer wieder zu neuen Menschen zu kommen und damit das so wichtige Vertrauensverhältnis immer wieder neu aufbauen zu müssen. Dies erfordert vor allem eine große Portion Hundesachverstand von den neuen Besitzern. Natürlich, und das soll hier auch nicht verschwiegen werden, ziehen Hunde in zweiter doggenerfahrener Hand auch manchmal das große Los in ihrem Leben: Endlich bei Menschen, die sie verstehen.

Die Farben der Dogge

Gemäß dem Standard wird die Deutsche Dogge in drei selbstständigen Varietäten (Rassen) gezüchtet: Gelb & Gestromt, Gefleckt & Schwarz und Blau. Anders ausgedrückt gibt es sie also in fünf unterschiedlichen Farben. Alle anderen eventuell vorkommenden Farben entsprechen nicht dem Standard. Sie können deshalb in den Zuchtvereinen nicht zur Zucht verwendet werden. Geregelt ist dies in dem internationalen Zuchtreglement der FCI, das für die Rassehundezuchtvereine verbindlich ist.

Von Gelb bis Blau

Gelb: Hell Goldgelb bis zum satten Goldgelb, schwarze Maske erwünscht. Keine weißen Abzeichen.
Gestromt: Grundfarbe hell Goldgelb bis zum satten Goldgelb, mit schwarzen, möglichst gleichmäßigen und klar gezeichneten, in Richtung der Rippen verlaufenden Streifen, die nicht verwaschen sein dürfen. Schwarze Maske erwünscht. Keine weißen Abzeichen.
Weiß-Schwarz-Gefleckt: Grundfarbe reinweiß, möglichst ohne jede Stichelung, mit über den ganzen Körper gut verteilten, ungleichmäßigen, zerrissenen, lackschwarzen Flecken. Sogenannte Grautiger (diese haben bei schwarzer Fleckung eine überwiegend graue Grundfarbe), die vorkommen, sind nicht erwünscht, werden aber auf Ausstellungen auch nicht disqualifiziert. Zur Zucht können sie verwendet werden.
Schwarz: Lackschwarz, weiße Abzeichen an Brust und Pfoten sind zugelassen; hierzu zählen auch die Manteltiger, bei denen das Schwarz mantelartig den Körper bedeckt und Fang, Hals, Brust, Bauch, Läufe und Rutenspitze weiß sein können, sowie Doggen mit weißer Grundfarbe und großen, schwarzen Platten, sogenannte Plattenhunde.
Blau: Rein stahlblau, weiße Abzeichen an Brust und Pfoten sind zugelassen.

Erlaubte Verpaarungen

Das Internationale Zuchtreglement und damit auch die Zuchtvereine erlauben im Wesentlichen nur die Verpaarung gleicher oder unterschiedlicher Farben innerhalb der drei Varietäten – mit bestimmten Ausnahmen.
Gelb & Gestromt: Gelb mit Gelb, Gelb mit Gestromt und Gestromt mit Gestromt dürfen verpaart werden.
Blau: Im blauen Farbschlag ist die Verpaarung von Blau mit Blau die Regel. In Deutschland werden jedoch auch schwarze Doggen, die blaue Eltern haben, mit Blau verpaart. Die Welpen aus solchen Verbindungen sind blau oder schwarz, wobei das Schwarz sehr intensiv ist. Schwarz aus Blau darf nicht mit Gefleckt verpaart werden.
Weiß-Schwarz-Gefleckt & Schwarz: Hier ist die Verpaarung von Schwarz mit Schwarz erlaubt, ebenso Weiß/Grau-Schwarz-Gefleckt mit Schwarz.

Bei den weiß-schwarz gefleckten Hunden gibt es eine ganz wichtige Einschränkung. Untersagt ist in Deutschland die Verpaarung von weiß/grau-schwarz gefleckten Hunden miteinander. Welpen aus diesen Verpaarungen

Sechs Fellfarben. Der Doggenliebhaber hat die Auswahl. Von links nach rechts: Schwarz, Blau, Weiß-Schwarz-Gefleckt, Grautiger (siehe Seite 23), Gestromt, Gelb.

fallen in unserem Land unter den Qualzuchtparagrafen des Tierschutzgesetzes, da bei homozygoten (reinerbigen) gefleckten Hunden die Nachkommen schwere Hör- und Sehstörungen bis zur Taub- und Blindheit aufweisen können. Da sich der gefleckte Farbschlag bei der Deutschen Dogge in seinen Erbanlagen sehr viel differenzierter darstellt als in den anderen Farbschlägen und mehr Hintergrundinformation notwendig wäre, möchte ich es an dieser Stelle bei den kurzen Hinweisen belassen. Seit 2012 sind Verpaarungen von weiß-schwarz gefleckten Hunden untereinander auch von der Fédération Cynologie International (FCI), der Weltorganisation für die Hundezucht, grundsätzlich verboten.

Bei den Verpaarungen weiß-schwarz gefleckter Doggen mit schwarzen fallen auch Welpen, die der Standard als Grautiger bezeichnet, wobei die graue Grundfarbe nicht über den gesamten Körper verteilt sein muss. Es können auch nur wenige graue Flecken sein und die übrige Grundfarbe ist weiß. Je nachdem, welche Erbanlagen die Zuchtpartner haben, können statistisch gesehen bis zu 25% Grautiger geboren werden. Diese durften bis Ende 2012 in den Zuchtverbänden nicht zur Zucht verwendet werden. Es gibt allerdings keine Hinweise, dass Grautiger gesundheitliche Probleme aufgrund ihrer Farbe haben.

Anders ist es bei den sogenannten Weißtigern, das sind fast ganz weiße Doggen. Hier ist die Gefahr der Taub- und/oder Blindheit im hohen Maße gegeben. Nicht zu verwechseln mit Plattenhunden.

Unterschiedliche Beliebtheit

Legt man die Wurfstatistik der Zuchtvereine zugrunde, liegen in der Beliebtheitsskala die schwarzen Doggen an erster Stelle, gefolgt von den Blauen. Gefragt sind auch die gelben Doggen. Die Gestromten liegen in den Statistiken an letzter Stelle. Für die weiß-schwarz gefleckten Doggen interessieren sich in erster Linie Menschen, die dieser Rasse bereits seit vielen Jahren verfallen sind. Die Grautiger einzuordnen, ist nicht möglich, da hier vergleichsweise wenig Welpen geboren werden. Die Nachfrage ist jedoch vorhanden.

Abweichende Farben

An dieser Stelle soll nicht unerwähnt bleiben, dass z. B. weiß-schwarz gefleckte Hunde auch blau- oder gelbfaktoriell sein können und bei einem entsprechenden Partner deshalb auch Welpen fallen, die nicht der erwarteten Fellfarbe entsprechen.

Dies hat jedoch nichts damit zu tun, dass man immer wieder mal richtig bunte Deutsche Doggen sieht. Diese stammen fast ausschließlich aus nicht überwachten oder organisierten Zuchten. Denn nur diese Züchter sind in ihren Entscheidungen, welche Farben sie miteinander verpaaren, völlig frei. Gerade diese Welpen werden aufgrund ihrer ausgefallenen Farbe von unbedarften Doggenliebhabern oft spontan gekauft. Dies ist auch überhaupt kein Problem, solange man diesen Hund auch noch als Deutsche Dogge erkennen kann und die Besitzer mit ihrem Hund glücklich sind. Möchte man jedoch einmal Rassehundeausstellungen besuchen, so gibt es hierfür keine entsprechende Klasse. Auch die Zucht ist in einem der beiden Rassehundeklubs nicht möglich.

WESEN UND CHARAKTER DER DOGGE

Der Apoll unter den Hunden

Groß und kräftig. Aber auch edel. Sie strahlt Stolz und Eleganz aus, wenn sie im Affekt steht. Wirkt wie eine Statue. Sie macht Eindruck. – Diese Formulierungen beschreiben die Deutsche Dogge sehr anschaulich. Ihr Körperbau ist harmonisch, mit einem schön geschwungenen Hals und einem ausdrucksvollen Kopf, der nicht die starke Belefzung des Mastiffs aufweist. Mit ihrem kurzen, dichten, glatten und glänzenden Fell ist sie sehr pflegeleicht.

So sind Doggen

Freundlich, liebevoll und sehr anhänglich gegenüber ihren Besitzern sind die Doggen, gelehrig und intelligent. Sie sind Familienhunde, keine Einmannhunde, wobei ihre Zuneigung innerhalb des Menschenrudels schon unterschiedlich verteilt wird. Ein gelehriger Begleithund mit einer hohen Reizschwelle. Trotz ihrer Größe ist die Dogge sehr angenehm im Haus oder in einer Wohnung zu halten. Ruhig und ausgeglichen, fügt sie sich ins Familienleben ein. Man hört sie kaum bellen. Wenn doch, dann ist es ein tiefer Ton, der auf einen großen Hund schließen lässt, auch wenn man ihn nicht sieht. Das hat auch seine Vorteile.

Ihre Vorzüge entfaltet die Dogge nur bei einem liebevollen und keineswegs harten Umgang mit ihr. Sie will gerecht behandelt werden. Man muss nicht laut und streng oder im harten Ton mit ihr reden. Stimmt die Beziehung, reagiert sie auf kleine Gesten, weil sie ihrem Menschen gefallen will.

Hervorragende Vertreter des blauen Farbschlags, die sich in glänzender Verfassung präsentieren. Nicht umsonst ist die Dogge der Apoll unter den Hunderassen. Vielversprechend ist der ca. 10 Wochen alte Welpe.

Vielseitiger als ihr Ruf

Es lag sicher nicht an der Eignung der Deutschen Dogge, dass sie vor 30 oder 40 Jahren fast ausschließlich als Begleithund gehalten wurde. Sie gehört nicht zu den Gebrauchshunderassen und wurde von den Hundesportlern oft etwas mitleidig belächelt, wenn sich ab und zu ein Doggenbesitzer auf einen Hundeübungsplatz verirrt hatte. Außer den damals üblichen Schutzhundeprüfungen, die natürlich auch Fährtenarbeit und Unterordnung beinhalteten, wurden kaum sportliche Disziplinen angeboten. Die Masse der Besitzer wollten dies auch nicht.

Das hat sich geändert. Deutsche Doggen findet man heute auf den Übungsplätzen wie andere große Hunderassen auch. Oft ist das Ziel des Halters nur, einen Grundgehorsam zu trainieren, wie er beim Ablegen des Hundeführerscheins verlangt wird, weniger, gezielt Hundesport zu betreiben. Allerdings ist die Deutsche Dogge von ihrer Veranlagung her auch dazu geeignet.

Es fängt an mit einer Begleithundeprüfung, die für das soziale Verhalten ungemein sinnvoll ist. Fährtensuchen macht der Dogge höchste Freude. Im Turnierhundesport können Mensch und Hund ihre Lauffreudigkeit richtig ausleben. Beim Agility ist das Zusammenspiel zwischen Mensch und Hund

Die 80 cm hohe Hürde ist für die Hündin kein Problem. Gefordert wird dieser Hochsprung ab der Unterordnungsprüfung der Stufe 1 an der Leine. Danach als Freisprung.

gefragt. Obedience ist die Hohe Schule der Unterordnung. Beim Dog-Dancing steht das Zusammenspiel der Bewegung im Mensch-Hund-Team im Vordergrund, wobei da die Größe einer Deutschen Dogge bei einigen Übungen sicherlich hinderlich ist. Nicht vergessen werden darf, dass unsere Doggen auch als Rettungs- und Therapiehunde ausgebildet werden können. Letztendlich wird auch noch die Ausdauerprüfung angeboten.

Angemessen beschäftigen

All diese Sportarten, wie auch die Rettungs- und Therapiehundeausbildung, erfordern eine gut sozialisierte Dogge. Einen Hund, der selbstsicher ist, einen Grundgehorsam hat und anderen Hunden gegenüber verträglich ist. Nicht zu empfehlen sind Übungen, die an große, schwere Hunde besondere Anforderungen stellen, wie etwa Sprungübungen über Hürden, die höher als ein Meter sind. Ebenso sollte mit Doggen kein Schutzdienst betrieben werden, da hier ganz besondere Anforderungen nicht nur an den Hund, sondern auch an den Hundeführer gestellt werden. Alle Unterordnungsübungen wie Leinenführigkeit, Sitz-, Platz-, Steh- und Apportierübungen, die bei Prüfungen gefordert werden, sind gut geeignet. Es müssen hier jedoch im Vergleich zu den Gebrauchshunderassen gewisse Abstriche bei der Ausführung gemacht werden. Die Deutsche Dogge ist größer und schwerer und deshalb bei einzelnen Übungen nicht ganz so schnell und wendig. Es ist alles für unsere Dogge förderlich, was das Zusammenspiel,

das Verständnis und die Bindung zwischen Mensch und Hund fördert. Wie eng so eine Bindung sein kann, wird nur der erfahren, der sich mit ihr wirklich beschäftigt und sie nicht als Sportgerät betrachtet, um ehrgeizige Ziele zu erreichen.

Leben mit dem Menschen

Die Deutsche Dogge darf in keinem Fall ein Statussymbol sein, nur weil sie groß und edel ist. Möchte man alles mit ihr erleben, was sie imstande ist, uns zu geben, so darf sie nicht in Einzelhaft in einem Zwinger gehalten werden – mag dieser auch noch so schön und komfortabel ausgestattet sein. Dazu ist sie nicht geeignet. Ist sie ständig ausgeschlossen, wird sie unausgeglichen und unzufrieden. Die Deutsche Dogge braucht die unmittelbare Nähe zu ihrem Besitzer. Sie ist wie alle anderen Hunderassen ein Rudeltier. Dies bedeutet nicht, dass nur der eine Dogge halten kann, der 24 Stunden am Tag für sie da ist. Sie kann ohne weiteres auch mehrere Stunden alleine gelassen werden. Dies ist umso

Fährtenarbeit macht einer Dogge viel Freude. Mental wird sie dabei aber sehr gefordert, sodass diese Übungen gut dosiert durchzuführen sind.

Typisch für eine Deutsche Dogge. Ist sie zum Schmusen aufgelegt, ist Standfestigkeit- oder Sitzvermögen angesagt, da dies auf Augenhöhe geschieht.

Man sieht ihr die Freude richtig an. Tiefer Pulverschnee und ein wildes Spiel mit ihrem Rudelgenossen. Kein Problem für die kurzhaarige Dogge.

unproblematischer, wenn noch ein anderer Hund dabei ist. Das bedeutet auch nicht, dass sie nicht stundenweise in einem Zwinger untergebracht werden kann, wenn die Umstände dies erfordern. Sie will auch beschäftigt werden, damit sie sich nicht selbst eine Beschäftigung suchen muss.

Man muss kein Großgrundbesitzer sein, wenn man eine Deutsche Dogge halten möchte. Ein großes Grundstück beruhigt ausschließlich den Besitzer, wenn die Dogge sich darauf frei bewegen kann. Sie wird sich aber immer in der Nähe ihrer Menschen aufhalten. Sie will ihnen so oft wie möglich nahe sein – in der Wohnung wie auch im Garten. Da wird sie auf der Terrasse liegen, inmitten ihrer Familie. Sie will schmusen, gekrault und gestreichelt werden. Lästig wird sie dabei nicht. Welche Zufriedenheit strahlt sie aus, wenn sie lang ausgestreckt oder auch zusammengerollt nach einem erlebnisreichen Tag auf ihrem Hundebett liegt. Immer mal hochschaut, ob all ihre Menschen noch da sind. Manchmal kurz aufsteht, um sich eine Streicheleinheit abzuholen, um sich dann wieder zufrieden auf ihr Bett zu legen.

Diese Liebesbezeugungen sollen aber nicht darüber hinwegtäuschen, dass sie auch eine Beschützerin der Familie vor ungebetenen Gästen sein kann. Wer an der Wohnungs- oder Gartentür läutet, wird mit tiefem Gebell empfangen. Es ist ihr Reich, das sie erst einmal gegen Fremde verteidigt. Jeder Eindringling sollte sich deshalb gut überlegen, eine Dogge zu ignorieren. Wird der Besucher jedoch von Herrchen oder Frauchen

Wenn Hunde spielen, so geschieht dies immer mit wechselnden Rollen. Der Jäger wird zum Gejagten und der Gewinner zum Verlierer. Sonst ist es Mobbing.

freundlich begrüßt, wird er auch von der Dogge akzeptiert.

Sportlich aktiven Zweibeinern ist die Dogge eine fröhliche Begleiterin beim Joggen. Sie liebt Spaziergänge in der freien Natur, im Sommer und Winter. Schnee ist für sie kein Problem, trotz ihres kurzen Fells. Was für ein Bild, wenn dieser große, kräftige Hund mit Riesensätzen über tief verschneite Wiesen tobt! Der Freilauf auf einem Grundstück kann für eine Dogge deshalb niemals ein Ersatz sein für das, was sie auf den Spaziergängen mit uns erlebt. Die Reize, die sie für ihr Wohlbefinden braucht, bekommt sie nur, wenn sie die Möglichkeit hat, sich außerhalb ihres gewohnten Umfeldes zu bewegen. Dazu fordert sie ihre Menschen immer wieder auf.

HALTUNG

Überlegungen vor dem Kauf

Die richtige Rasse für mich?

Sollen wir uns diesen Traum erfüllen? Diese Frage ist eminent wichtig und sollte ausführlich im Familienrat diskutiert werden, bevor man sich die ersten Welpen anschaut. Denn dann ist es zu spät. Ganz wenige Hundeliebhaber können sich dem Charme eines Doggenwelpen entziehen. Dabei gibt es grundsätzliche Fragen, die für alle Hunderassen gelten, aber auch noch sehr spezifische, die nun mal zu einer Deutschen Dogge gehören (siehe Checkliste S. 38).

Das erwartet Sie

- Eine Deutsche Dogge ist trotz ihrer Größe ein sensibler und verschmuster Hund, der viel Verständnis bei der Aufzucht braucht.
- Sie verhält sich im Haus oder in der Wohnung recht ruhig, braucht aber speziell in ihrer Jugend ausreichend Bewegung.
- Sie erfordert eine liebevolle, konsequente Erziehung und Einordnung in die Familie.
- Sie ist sehr menschenbezogen und für eine ausschließliche Zwingerhaltung nicht geeignet.
- Die Dogge ist ein Hund, der seine Familie über alles liebt und jede Sekunde des Zusammenseins mit ihr genießt.
- Sie hinterlässt als großer Hund Spuren in ihrer Wohnung. Man riecht sie, wenn man von einem Spaziergang im Regen nach Hause kommt.
- Sie ist kein Hund für Menschen, die das Bedürfnis haben, sich nach jeder Berüh-

Heranwachsende Deutsche Doggen sollten in diesem Alter nicht überfordert werden. Aber kontrolliertes Herumtoben darf sein. Lebensfreude pur.

rung mit dem Hund die Hände zu waschen. Ein Sabbertuch nach der Fütterung und nach dem Trinken gehört zu einer Deutschen Dogge.

- Arztkosten, die im Laufe der Zeit anfallen werden, sind bei einem so großen Hund einfach höher.
- Die Lebenserwartung eines großen Hundes ist zwangsläufig niedriger als bei mittleren oder kleinen Hunden – eine Dogge mit sieben Jahren wäre in „Menschenjahren" etwa 67 Jahre alt.
- Die Anschaffungskosten einer Deutschen Dogge betragen im Normalfall zwischen 1.000 und 1.500 Euro. Die monatlichen Futterkosten liegen bei ca. 50 Euro, je nach Wahl des Futters; in der Wachstumsphase sind sie etwas höher.
- Ab etwa sieben Jahren ist eine Deutsche Dogge ein Senior und Ernährungs- und Haltungsansprüche ändern sich, sie wird krankheitsanfälliger.

Wenn Sie alle Fragen (siehe Seite 38) im Familienkreis besprochen und gründlich überdacht haben und zu dem Entschluss gekommen sind, dass Sie alle Einschränkungen in Kauf nehmen und auf ein Zusammenleben mit einer Deutschen Dogge nicht verzichten wollen, auch wenn es zu Schwierigkeiten kommt, dann können Sie sich jetzt die Detailfragen stellen.

Erst kann man es nicht erwarten. Doch sehr schnell wird aus dem Welpen ein Junghund.

Checkliste
Fragen vor dem Kauf

- Ist die ganze Familie dafür, dass ein so großer Hund wie eine Deutsche Dogge angeschafft werden soll?
- Ist auch genügend Platz vorhanden, gibt es für den Hund einen Rückzugsort im Haus oder in der Wohnung und wie sieht es mit dem Gassigehen aus?
- Wie sehen die Urlaubspläne der Familie aus, kann der Hund mitgenommen werden oder gibt es eine vertrauenswürdige Person, die den Hund während dieser Zeit umsorgt und nicht nur versorgt?
- Wie viele Stunden am Tag ist der Hund allein?
- Vereinbart sich das Verständnis für Sauberkeit mit der Haltung einer Deutschen Dogge? Ein großer Hund bringt erfahrungsgemäß mehr Dreck ins Haus.
- Ist der Pkw für den Transport einer Deutschen Dogge geeignet?
- Ist die Familie bereit, den Hund bis an sein Lebensende zu versorgen, auch wenn es schwierig wird?
- Wurde der finanzielle Aufwand für so einen großen Hund auch richtig eingeschätzt in Bezug auf Futterkosten, Steuer, Versicherung und Tierarztkosten?

Welpe oder älterer Hund

Grundsätzlich erfordert ein Welpe mehr Zuwendung. Dinge, die eine erwachsene Dogge bereits kennt, müssen erst noch gelernt werden. Ein Welpe muss zur Stubenreinheit erzogen werden, was bei großen Hunderassen weit weniger problematisch ist als bei kleinen. Bei einem älteren Hund ist dies nicht mehr notwendig. Stubenrein kann ein Doggenwelpe schon in wenigen Tagen sein, nachdem er in sein neues Heim eingezogen ist – je nachdem, wie viel Vorarbeit der Züchter bereits geleistet hat und wie aufmerksam Sie Ihren Welpen in den ersten Tagen beobachten und darauf reagieren.

Nach dem Milchgebiss folgt das endgültige Gebiss und mit ca. fünf Monaten ist der Zahnwechsel abgeschlossen. Während dieser Zeit versucht der Welpe, manches anzuknabbern und zu zerbeißen. Darauf müssen Sie gefasst sein und entsprechende Vorsorge treffen. Dies muss nicht zwangsläufig so sein, kann aber.

Gleichzeitig haben Sie aber auch die Möglichkeit, in dieser sensiblen Phase, der Sozialisierungsphase, die in etwa bis zur 16. Lebenswoche dauert, den Hund für das Zusammenleben mit Ihnen zu prägen. Ein Hund, der in dieser Zeit die Regeln des sozialen Zusammenlebens nicht erlernt hat, bleibt ein Einzelgänger, der sich auch in eine Beziehung zum Menschen schwer einordnet. Verhaltensweisen, die Sie nicht möchten, sind ihm in dieser Phase am leichtesten

Hunde müssen gesichert transportiert werden. Die Entscheidung sollte zwischen fest eingebauten Hundeboxen oder fest installierten Hundegittern fallen.

Schöne „geschlossene" Augen – das untere Augenlid liegt gut an – und die geforderten Parallelen von Nasenrücken zu Oberkopf zeichnen diesen markanten Rüdenkopf aus.

abzugewöhnen. Gleichzeitig haben Sie auch die Möglichkeit, Verhaltensweisen zu fördern, die Ihnen im weiteren Zusammenleben mit Ihrer Dogge wichtig sind. Und Sie haben den unschätzbaren Vorteil mitzuerleben, wie sich Ihr Doggenwelpe unter Ihrer Fürsorge entwickelt. Wie aus einem Hundebaby in einem Wahnsinnstempo eine große, stattliche Dogge wird, die Sie liebt und der Sie uneingeschränkt vertrauen können, da Sie sie erzogen und geprägt haben.

Eine ältere Dogge

Der Wunsch nach einer Dogge wird manchmal auch mit dem Bedürfnis verbunden, das Leiden eines Hundes zu beenden und ihm ein gutes Zuhause zu bieten. Leider wird Mitleid gerne von kommerziellen Hundehändlern ausgenutzt. Es gilt also, genau nachzufragen, warum der Hund verkauft werden soll. Kennt man die wahre Vorgeschichte, dann weiß man, auf was man sich einlässt. Oft ist dies leider nicht der Fall. Mag die Dogge z. B. keine Katzen, wird es eine Herausforderung sein, diesen Hund an die Hauskatze zu gewöhnen. Hat er schlechte Erfahrungen mit Männern gemacht, kann auch dies ein Problem werden, das nur mit viel Fingerspitzengefühl gelöst werden kann. Hat er Angst, im Auto mitzufahren, ist auch hier Geduld angesagt.

Ein älterer Hund ist geprägt, hat seine Erfahrungen gemacht, sich Verhaltensweisen angewöhnt, die schön, aber auch weniger erfreulich sein können. Wurde der Hund im Welpenalter gut sozialisiert und erzogen, so wird es in den meisten Fällen nach der Übernahme auch keine großen Probleme geben. Es kann eben alles etwas schwieriger sein und etwas länger dauern.

Es gibt aber auch viele positive Beispiele, dass Doggen aus zweiter oder dritter Hand den neuen Besitzern viel Freude bereiten. Kommt so ein Hund in liebevolle und erfahrene Hände, dankt er es seinem neuen Besitzer mit extremer Anhänglichkeit und einer harmonischen Partnerschaft. Es kommt eben

Grundsätzlich benötigen Doggen keinen Mantel bei Spaziergängen im Schnee. Sind sie schon älter, macht dies manchmal Sinn, wenn sie länger unterwegs sind.

immer darauf an, warum und an wen er abgegeben wurde und durch wie viele Hände er bereits gegangen ist.

Deshalb ist es beim Kauf einer älteren Dogge so wichtig, möglichst viel über ihr Vorleben zu erfahren. Besonders geboten ist dies bei Hunden, die zwischen neun und 18 Monate alt sind. Hier kann es durchaus sein, dass sie Verhaltensweisen entwickelt haben, mit denen ihr Besitzer nicht zurechtgekommen ist, und dass sie deswegen abgegeben werden. Sie müssten dann damit zurechtkommen. Man darf diesen Aspekt nicht unterschätzen. Es ist ein wesentlicher Unterschied, ob man einem Hund einer kleinen oder mittleren Rasse ein neues Zuhause gibt, der allein aufgrund seiner Größe viel leichter zu handeln ist, oder einer Deutschen Dogge. Es ist von Vorteil, wenn man sich nach der Übernahme ein paar Tage Zeit nimmt, damit man direkt schon bei der Eingewöhnung steuernd eingreifen kann.

Kein Wunder, wenn Hundefreunde von solchen Rassevertretern beeindruckt und begeistert sind. Gelb und Gestromt, zwei Farben, eine Varietät.

Hündin oder Rüde

Doggenhündinnen sind im Vergleich zu Rüden im Durchschnitt ca. 5 – 10 cm kleiner und deswegen auch nicht ganz so schwer und daher auch etwas problemloser großzuziehen. Gemeint ist, dass die Aufzucht eines großen, schnell wachsenden Hundes nicht ganz unproblematisch ist. Aufzuchtfehler sollen, wenn möglich, vermieden werden (siehe Seite 60).

Eine Deutsche Dogge soll auf geraden Läufen stehen, wenn sie ausgewachsen ist. Dies ist bei Hündinnen etwas einfacher zu erreichen, da sie nicht ganz so grobknochig sind. Sie sind auch in der Familie etwas leichter zu handhaben. Rüden sind größer und schwerer, haben dadurch natürlich auch mehr Kraft und vergessen bei läufigen Hündinnen in der Regel all den Gehorsam, den sie einmal gelernt haben. Manche neigen auch dazu, im Flegelalter die Autorität ihres Rudelführers auf die Probe zu stellen. Bei der Entscheidung sollte auch daran gedacht werden, dass eine Hündin läufig wird. Es ist also eine sehr persönliche Entscheidung, ob Rüde oder Hündin. Ist es die erste Dogge, wäre der Kauf einer Hündin anzuraten. Sollte bereits ein Hund im Haus sein, spielt auch dessen Geschlecht und Verhalten eine Rolle. Ist er oder sie sehr dominant, sollte nicht das gleiche Geschlecht gewählt werden. Letztendlich ist von Bedeutung, ob man daran denkt, diese wundervolle Rasse selbst auch einmal zu züchten.

Läufigkeit und Scheinträchtigkeit

Verlauf der Läufigkeit

Hündinnen werden meist alle sechs Monate läufig. An Jahreszeiten ist dies nicht gebunden. Nicht immer wird dieser Zyklus auch eingehalten; manchmal dauert es nur vier Monate bis zur nächsten Läufigkeit. Dies hängt von verschiedenen Faktoren ab und auch davon, dass bei der Haltung von mehreren Hündinnen diese oftmals gemeinsam läufig werden. (Natürlich nicht auf den Tag genau. Differenzen von zwei Tagen bis zu 14 Tagen sind durchaus möglich. Meine drei Hündinnen werden im Rudel gehalten. Zwei haben sich in ihrem Zyklus angeglichen, die Dritte wartet jeweils noch zwei Monate.)

Während der Läufigkeit ist bei Kontakt zu anderen Hunden höchste Vorsicht geboten. Bei Spaziergängen ist Leinenzwang angesagt, denn an den „kritischen Tagen“ vergisst die läufige Doggenhündin all ihre gute Erziehung. Die erste Läufigkeit steht im Zusammenhang mit dem Erreichen des rassespezifischen Erwachsenenkörpergewichts. Bei der Dogge kann dies bereits ab den 9. Monat der Fall sein. Es gibt jedoch auch welche, die erst mit 16 oder 18 Monaten das erste Mal läufig werden. Auf die Fortpflanzungsfähigkeit hat dies aber keinen Einfluss.

Jeder Hündinnenbesitzer sollte sich über den Zeitpunkt und auch über den Verlauf entsprechende Aufzeichnungen machen. Wie verändert sich ihr Verhalten, ab welchem Tag fühlt sie sich zu Rüden besonders hingezogen usw.? Deutlich erkennbar ist die anstehende Läufigkeit bei einer Hündin durch häufiges Absetzen des Urins. Dieses häufige Urinieren geschieht schon einige Tage bevor man sieht, dass die Scheide der Hündin anschwillt bzw. die Blutung einsetzt. Bei im Haus gehaltenen Hündinnen empfiehlt sich während der Läufigkeit das Tragen einer dafür speziell im Handel angebotenen Schutzhose.

Der Zyklus der Hündin

Der Sexualzyklus einer Hündin gliedert sich in vier Phasen: Vorbrunst (Proöstrus), Brunst (Östrus), Rückbildungsphase (Metöstrus) und der Ruhepause (Anöstrus). In den Follikeln, den reifenden Eizellen, wird Östrogen produziert. Dieses führt zu der zu beobachtenden

Blutung. Diese ist zunächst dunkelrot und dickflüssig. Mit fortschreitender Läufigkeit wird das Blut immer heller, bis es schließlich fleischsaftfarbig ist und eine nahezu wässrige Konsistenz aufweist. Insgesamt dauert die Läufigkeit so um die 21 Tage. Um einen ungewollten Deckakt zu vermeiden, sollte die Hündin während dieser Zeit selbst im eigenen Garten nie unbeaufsichtigt sein. Wenn man die Tage vom ersten Tag der Blutung an zählt, liegen die empfängnisbereiten Tage zwischen dem 10. und 14. Tag. Aber Vorsicht: Es wurden schon Hündinnen am 9. und auch 21. Tag erfolgreich gedeckt. Feststellen, ob eine Hündin sich in der „kritischen" Phase befindet, kann man durch gezielten Kontakt mit einem kleineren Rüden – natürlich an der Leine. Bei älteren Hündinnen treten die Läufigkeiten unregelmäßiger und undeutlicher auf. Man kann erst sicher sein, dass die Läufigkeit vorbei ist, wenn die Hündin sich in eindeutiger Absicht nähernde Rüden „wegbeißt".

Bemerkt man bei einer Hündin eitrigen Ausfluss aus der Scheide (in der Regel drei bis acht Wochen nach Ende der Läufigkeit) und trinkt sie extrem viel, sollte ein Tierarzt aufgesucht werden. Möglicherweise liegt eine Gebärmuttervereiterung (Pyometra) vor, die unbedingt behandelt werden muss. Im schlimmsten Fall muss die Gebärmutter operativ entfernt werden.

Möchte man die Läufigkeit grundsätzlich vermeiden, gibt es die Möglichkeit der Kastration. Das heißt, die Eierstöcke und meistens auch die Gebärmutter werden entfernt. Die Risiken sind relativ gering, wobei das Narkoserisiko immer besteht. Da es bei 10 bis 15 % der Hündinnen zu kastrationsbedingter Inkontinenz, also dem Harnträufeln, kommt, sollte dieser irreversible Schritt sehr wohl überlegt werden.

Es lässt sich leider nicht immer verhindern: Das Stöckchen tragen kann zu Verletzungen führen. Manchmal werden auch Holzsplitter oder morsche Rinde abgeschluckt.

Scheinträchtigkeit

Viele Hündinnen werden einige Wochen nach der Läufigkeit scheinträchtig. Diese ist mehr oder weniger stark ausgeprägt. Sie verhalten sich so, als ob sie gedeckt worden wären. Ihr Gesäuge schwillt an und, was recht unangenehm sein kann, sie zeigen Nestbauverhalten. Das bedeutet im schlimmsten Fall, dass sie ihre Hundedecke zerreißen, um daraus ein Nest zu bauen. Manche graben auch im Garten tiefe Löcher, Wurfhöhlen imitierend, vornehmlich unter Büschen. Sie tragen jedes Spielzeug, das sie erreichen können, zusammen und umsorgen es. Es gibt auch Hündinnen, die in dieser Zeit bei der Futteraufnahme mäkelig werden. Sie sind deswegen nicht krank. Dies ist ein hormoneller Vorgang, der sich in unterschiedlichem Ausmaß zeigt. Das Progesteron wird auch bei der nicht befruchteten Hündin nach Beendigung der Läufigkeit für kurze Zeit weiterhin gebildet. Das natürlichste Gegenmittel ist in diesem Fall Ablenkung: vermehrte Spaziergänge, vermehrte Bewegung. Wegräumen der Spielsachen und Unterbindung des Nestbauverhaltens.

Ist das Gesäuge jedoch so stark geschwollen, dass die Hündin Schmerzen hat, sollte ein Arzt aufgesucht werden. Es gibt schmerzstillende Salben mit abschwellender Wirkung. Auch Hormonpräparate können hier helfen. Homöopathische Mittel wie Pulsatilla D4 oder Phytolacca haben sich ebenfalls bewährt. Nach dem Zeitpunkt, an dem der Wurf zur Welt gekommen wäre (60 bis 63 Tage nach einem Deckakt), reguliert sich dies wieder von selbst.

Farbe und Charakter

Was das Wesen der Dogge betrifft, so kann man bei den drei Farbschlägen Gelb/Gestromt, Weiß-Schwarz-Gefleckt/Schwarz und Blau durchaus Unterschiede feststellen. Dies ist verständlich, da es seit mehr als 100 Jahren relativ geschlossene Zuchtkreise sind und nicht nur die Farbe, sondern auch Verhaltensanlagen von den Ahnen vererbt werden. Spricht man mit Züchtern, die langjährige Erfahrung mit den verschiedenen Farben haben, oder mit Besitzern, die schon gelbe, schwarze, gefleckte oder blaue Doggen hatten, wird man immer wieder die Aussage hören, die gelben und gestromten Doggen seien die sensibelsten, die am leichtesten zu handhaben sind. Die anderen sind etwas robuster in ihrem Wesen.

Wissenschaftlich untermauert können diese Aussagen sicherlich nicht werden. Erwiesen ist jedoch, dass das Individual- wie auch das Sozialverhalten von Umweltfaktoren beeinflusst wird. Verhalten wird durch Umweltreize ausgelöst. Erlebt ein Welpe diese nicht, so können sich die ererbten Verhaltensanlagen nicht entwickeln. Deshalb ist es so wichtig, dass Hunde von verständnisvollen Züchtern unter optimalen Bedingungen aufgezogen werden, denn Versäumtes ist nicht mehr oder nur bedingt nachzuholen. Und dies ist unabhängig von der Fellfarbe.

„VON DER HAND IN DIE WELT:
DAS SCHICKSAL DIESES WELPEN LIEGT
IN DER HAND DER MENSCHEN, DIE SICH
FÜR IHN ENTSCHEIDEN WERDEN."

Wo kauft man eine Dogge?

Kaufen Sie Ihre Dogge bei einem verantwortungsvollen Züchter, der seine Welpen fachkundig und sorgfältig auf ihr weiteres Leben vorbereitet und Sie als Käufer gut berät! Er wird nicht nur über die Freude berichten, die eine Deutsche Dogge ihrem Besitzer bereitet, sondern auch auf die Nachteile hinweisen, die die Haltung eines großen Hundes mit sich bringt. Er wird keine Versprechungen machen, die er nicht einhalten kann bzw. die nicht einzuhalten sind. Und er wird Ihnen auch nach dem Kauf noch mit Rat und Tat zur Seite stehen.

Sogenannte „Hobbyzüchter"

Mit dem Prädikat „Hobbyzüchter" schmücken sich vornehmlich Menschen, um Welpenkäufer davon zu überzeugen, dass die Hundezucht ihr Hobby ist und die Welpen deshalb keine „Papiere" haben. Deswegen können sie auch so günstig abgegeben werden. Ein „Familienhund" benötigt auch keine. Dies stimmt auch auf den ersten Blick. Ein schönes Stück Papier macht noch keine Deutsche Dogge. Sie suggerieren den Welpeninteressenten damit, dass alle in einem Zuchtverband organisierten Züchter die Hundezucht gewerbsmäßig betreiben und dass die Papiere eine Menge Geld kosten. Dies trifft schlichtweg nicht zu. Um gewerbsmäßig Hunde zu züchten, bedarf es einer behördlichen Genehmigung und einer Vielzahl von Zuchthunden. Dies ist bei den in einem Zuchtverband organisierten Züchtern so gut wie nicht der Fall. Die Papiere, also die Ahnennachweise, kosten ca. 20 oder 30 Euro pro Welpe. Dies wäre sicher auch für den selbsternannten „Hobbyzüchter" kein Grund, seine Welpen ohne Papiere zu verkaufen, könnte er doch für einen sehr geringen finanziellen Einsatz einen höheren Kaufpreis erzielen. Die Wahrheit sieht ganz anders aus: Die in einem Zuchtverband organisierten Züchter haben eine ganze Reihe von Auflagen zu erfüllen, damit sie überhaupt züchten dürfen. Diese Auflagen kosten Zeit und Geld. Nicht jeder ist zu dieser Investition bereit. Nicht jeder ist bereit, Auflagen zu erfüllen.

Qualitätszucht im VDH

Bevor unter dem Siegel des Verbandes für das Deutsche Hundewesen (VDH) und des zuständigen Rassenhundezuchtvereins erstmals gezüchtet werden darf, muss ein angehender Züchter einen Zwingernamen beantragen und schützen lassen. Seine Zuchtstätte muss mindestens den Anforderungen des Tierschutzgesetzes für das Halten von Hunden genügen, wobei die Zuchtverbände teilweise noch strengere Auflagen haben. Seine Qualifikation, Deutsche Doggen zu züchten, muss er durch den Besuch von Züchterseminaren nachweisen. Seine Zuchthündin muss nach Ableistung einer Zuchtzulassungsprüfung für die Zucht freigegeben worden sein.

Ca. 500 bis 700 Gramm wiegt ein Doggenwelpe bei der Geburt. Nach 10 Tagen hat er sein Geburtsgewicht mehr als verdoppelt, nach einem Monat fast verzehnfacht.

Geflecktzüchter können sich nicht beschweren: Grautiger in der Wurfkiste finden als erstes eine neue Familie. Auch wenn ihre Farbe auf Ausstellungen ein Handikap darstellt.

Voraussetzung für die Teilnahme an dieser Prüfung ist eine Untersuchung, ob eventuell eine Hüftgelenks- oder Ellenbogendysplasie vorliegt. Eine Untersuchung des Herzens ist ebenfalls Pflicht. Eine Überprüfung der DNA sowie eine unveränderbare Kennzeichnung des Hundes geben die Sicherheit, dass die angegebene Elternschaft stimmt. Auf der Ahnentafel sind 62 Vorfahren der Hündin aufgeführt. Die gleichen Voraussetzungen muss natürlich auch der Deckrüde erfüllen.

Sind die Welpen geboren, werden die Wurfstätte, die Mutterhündin und natürlich die Welpen von einem besonders geschulten Zuchtwart begutachtet. Abgeben darf der Züchter die Welpen frühestens mit Vollendung der 8. Lebenswoche. Vorher erhält der Züchter nochmals Besuch von seinem Zuchtwart. Das Wurfgeschehen, der Zustand der Mutterhündin, der Entwicklungsstand der Welpen, ihr Verhalten, wie sie untergebracht sind und eventuelle Besonderheiten werden dokumentiert. Nachzuweisen sind die vorgeschriebenen Impfungen, die unveränderbare Kennzeichnung und die durchgeführten Wurmkuren.

Selbstverständlich achtet der Zuchtwart auch darauf, dass die Welpen in ihrer sensiblen Phase entsprechend geprägt und auf ihr weiteres Leben vorbereitet wurden. Letztendlich ist der Züchter verpflichtet, neben der Ahnentafel und dem Impfausweis dem Welpenkäufer auch das vom Zuchtwart erstellte Wurfabnahmeprotokoll auszuhändigen.

Trotz aller Umsicht ist man auch bei einem Kauf eines Welpen von einem organisierten Züchter nicht davor gefeit, einen Hund zu bekommen, der Probleme bereitet. Es ist ein Lebewesen, das genetisch belastet und individuell geprägt wurde. Treten Fragen auf, so zeigt die Erfahrung, dass der Züchter mit seiner zweifellos vorhandenen Fachkompetenz dem Hundebesitzer hilfreich zur Seite steht.

Glück gehabt

Rückblickend kann ich feststellen, dass ich beim Kauf meiner ersten Deutschen Dogge riesiges Glück hatte. Wichtige Informationen über die Rasse, die sich heute jeder übers Internet beschaffen kann, hatte ich nicht. Ich wusste wenig über die Existenz von Rassehundeklubs oder gar dem Dachverband VDH, dem Verband für das Deutsche Hundewesen. Meine Mutter war mit Deutschen Doggen aufgewachsen. Einige Bilder und viele Geschichten über das Wesen und Verhalten dieser Hunde weckten in mir den Wunsch, eines Tages selbst so einen Hund zu besitzen. Egal woher und nur für mich. Ausstellungen oder Zucht interessierten mich damals überhaupt nicht.

Mein Glück bestand nun darin, dass ich in unserer Tageszeitung eine Anzeige las, in der goldgelbe Deutsche Doggen zum Verkauf angeboten wurden. Um zu verstehen, welche Bedeutung dies für mich hatte, muss man wissen, dass ein Zeitungsinserat Mitte der sechziger Jahre für Interessenten fast die einzige Gelegenheit war, zu erfahren, wo man Doggenwelpen kaufen konnte. Ein weiterer glücklicher Umstand war, dass diese Verkaufsanzeige von einem Züchter des Deutschen Doggen Clubs aufgegeben worden war, sodass mir mit meiner ersten Deutschen Dogge, die ich nur für mich und meine Familie haben wollte, alle Wege offen standen.

Einen ganz wesentlichen Vorteil, dem ich beim Kauf überhaupt keine Bedeutung beigemessen hatte, habe ich bei diesem Züchter mit gekauft: Die Beratung und Hilfestellung, die für einen Welpenkäufer von beachtlicher Bedeutung sein kann. Denn eines darf man nicht vergessen: Man kauft einen Welpen, der im ausgewachsenen Zustand zwischen 60 und 80 kg schwer und zwischen 75 und 90 cm groß sein wird und der im Vergleich zu anderen Hunderassen sehr schnell wächst. Da können Probleme auftreten, die eine Kommunikation mit einem erfahrenen Züchter notwendig machen.

Letztendlich hatte ich noch einmal Glück. In meinem Dorf gab es noch einen Doggenbesitzer, der vom selben Züchter eine Doggenhündin gekauft hatte und der gleichzeitig Mitglied des Deutschen Doggen Clubs wurde. Bei gemeinsamen Spaziergängen erzählte er mir von dem Club und den informativen Zusammenkünften mit Menschen, die genau wie ich diese Rasse so liebten. Das war 1969 und ist bis zum heutigen Tag so geblieben.

Drei Generationen: Großmutter, Mutter und Tochter

Den richtigen Züchter finden

Ganz sicher gibt es auch außerhalb von Zuchtverbänden Züchter, die sich sehr um eine artgerechte Aufzucht von Doggenwelpen bemühen. Diese aus der Vielzahl von Anbietern herauszufinden, ist nicht einfach. Sehr gut aufgemachte Homepages sind dafür keine Garantie. Letztendlich ist auch die Betreuung der Welpenkäufer nach dem Kauf von ganz wesentlicher Bedeutung. Über all dies sollten Sie sich vor dem Kauf Gedanken machen und abklären, welche Punkte für Sie persönlich wichtig sind.

Damit Sie sich einen möglichst breiten Überblick verschaffen können, sollten Sie mehrere Zuchtstätten besuchen. Dabei können Sie sich Ihre ganz persönliche Meinung bilden. Vergleichen Sie. Scheuen Sie sich nicht, die Fragen zu stellen, die Ihnen wichtig sind. Sind Sie skeptisch, wenn der Züchter nichts von Ihnen wissen will, wenn er sich nicht erkundigt, warum Sie eine Deutsche Dogge möchten, wo der Hund leben wird, welche Erwartungen Sie an die Dogge haben. Vertrauen Sie auf Ihr Bauchgefühl bei der Entscheidung, bei wem Sie Ihren Doggenwelpen kaufen. Finanzielle Aspekte sollten hierbei nicht entscheidend sein. Dafür gibt es genügend Beispiele.

Zu einer artgerechten Aufzucht gehört auch, dass Welpen sich im Freien bewegen können, unabhängig vom Wetter. Natürlich benötigen sie einen geschützten Rückzugsort, der sie vor Sonne, Regen und Kälte schützt. Ungefähr ab der 4. Woche fangen sie an, ihre Umgebung zu erkunden.

Kein optimaler Start ins Leben

Eine Reihe von internationalen Studien (Serpell und Jagoe 2000) hat gezeigt, dass Hunde, die aus Zoogeschäften stammen, mit Abstand den höchsten Anteil bezüglich Aggressionsproblemen mit Dominanzaggression sowie Furcht und sozialer Ängstlichkeit haben. Nahezu gleiche Ergebnisse zeigten Hunde, die aus Tierheimen oder von Tierzüchtern stammten: von Züchtern, die sich in den so wichtigen Entwicklungsphasen, in denen die Welpen geprägt und sozialisiert werden, nicht um ihre Hunde gekümmert haben. Entweder, weil es zu viele waren, sie über die Notwendigkeit nichts wussten oder es ihnen einfach egal war. Am wenigsten waren davon Hunde betroffen, die selbst im eigenen Haushalt aufgezogen wurden.

Eine andere Studie zeigte, dass Welpen, die in der frühen Jugend, insbesondere im Alter zwischen acht und zwölf Wochen, krank gewesen waren, verschiedene Aggressionsprobleme hatten, ebenso Fremdenangst, Angst gegenüber Kindern, anormales Sexualverhalten, Trennungsängste, trennungsbedingte Bellanfälle und ähnliche Verhaltensprobleme. Gleiche Beobachtungen wurden gemacht bei Hunden, die als Welpe eine starke Impfreaktion aufgewiesen haben, verletzt wurden, operiert werden mussten oder andere körperliche Beeinträchtigungen erfuhren.

Welpen dürfen frühestens nach Vollendung der 8. Lebenswoche abgegeben werden. Später wäre besser, denn eine zu frühe Trennung hat nur negative Auswirkungen.

Ob aus diesem gestromten Welpen eine gesunde Deutsche Dogge wird, hängt auch von der Fürsorge seines neuen Besitzers und einer artgerechten Aufzucht ab.

Gesundheit vor Schönheit

In überwachten Zuchten werden in Deutschland jährlich ca. 1.400 Doggenwelpen geboren. Natürlich wird der Züchter bei der Auswahl seiner Zuchttiere darauf achten, dass diese in ihrem Aussehen dem Standard sehr nahekommen. Er wird Ihnen sicher auch voll Stolz die Auszeichnungen nennen, die seine Zuchttiere auf Ausstellungen erhalten haben. Dies darf für Sie aber nicht das wichtigste Auswahlkriterium sein.

Natürlich soll eine Deutsche Dogge auch wie eine Deutsche Dogge aussehen. Viel wichtiger ist aber die Gesundheit der Hunde. Schauen Sie sich die Mutter genau an. Leben noch weitere Doggen im Haus? Wie alt sind diese? Fragen Sie nach dem Alter von Vorfahren und Geschwistern der Eltern, nach

Checkliste
So erkennen Sie einen guten Züchter

- Er freut sich auf Ihren Besuch und fordert Sie auf, möglichst mit der ganzen Familie zu erscheinen.
- Er nimmt sich Zeit für das Gespräch, erzählt von sich und seiner Züchterphilosophie und will möglichst viel von Ihnen wissen.
- Seine Hunde sind gepflegt und problemlos im Umgang mit fremden Menschen.
- Im Wohnbereich gibt es Lagerstätten für seine Hunde.
- Er zeigt Ihnen, wie seine Hunde leben.
- Der Welpenaufzuchtbereich macht einen ordentlichen und sauberen Eindruck.
- Die Welpen sind gepflegt, zutraulich auch gegenüber Besuchern und haben Gelegenheit, sich abwechslungsreich zu beschäftigen.
- Er macht seine Welpen mit allen möglichen optischen und akustischen Reizen vertraut wie z. B. Blumen, verschiedene Böden, Staubsauger, Radio, Rasenmäher, Geschirrgeklapper usw.
- Die Welpen haben auch Kontakt zu Kindern und zu anderen Hunden.
- Die Welpen waren schon im PKW unterwegs.
- Sie sind schon vor Abgabe an Halsband und Leine gewöhnt.
- Sie haben schon Spaziergänge außerhalb des Grundstücks kennengelernt.
- Der Züchter gibt bereitwillig Auskunft über den Gesundheitszustand seiner Tiere.
- Er geht mit allen seinen Hunden sehr fürsorglich um.
- Er spricht nicht negativ über andere Züchter.
- Er drängt Sie nicht dazu, dass jetzt und sofort die Entscheidung über den Kauf eines Welpen fallen muss; er gibt sich und Ihnen zumindest ein bis zwei Tage Bedenkzeit.

rassebedingten Krankheiten. Lassen Sie sich erzählen und zeigen, wo und wie die Welpen aufgezogen und sozialisiert werden. Seien Sie skeptisch, wenn Sie das Gefühl haben, dass etwas verschwiegen wird. Überstürzen Sie nichts. Lassen Sie sich Zeit bei der Zusage, einen Welpen zu kaufen.

Jetzt gilt es, Erfahrungen zu sammeln.

„NICHT NUR DOGGENBABYS EROBERN DIE HERZEN DER MENSCHEN IM STURM. DIE SCHÖNHEIT, IHR CHARAKTER UND DIE BEDINGUNGSLOSE LIEBE ZU IHREN MENSCHEN MACHEN DIESE RASSE SO UNBESCHREIBLICH WERTVOLL FÜR UNSER LEBEN."

Die Dogge zieht ein

Vorbereitungen treffen

Sicher haben Sie sich schon vorher Gedanken gemacht, wo in Ihrem Haus der Welpe seinen Schlafplatz haben wird. Dieser Platz soll auch Rückzugsort sein, zugfrei und nicht gerade vor einem Heizkörper. Ideal sind natürlich mehrere Plätze in der Wohnung, an denen sich ein Ruhekissen befindet. Sinnvollerweise sollte sich einer dieser Plätze an dem Ort befinden, an dem sich die Familie häufig aufhält. Denn eine Dogge wird immer Ihre Nähe suchen.

Mit einem Hundekissen erreichen Sie, dass der Welpe sehr schnell begriffen hat, dass dies sein Platz ist. Es ist aber auch deswegen sinnvoll, weil Doggen sich sehr ungern auf einen harten Boden legen, außer wenn es sehr heiß ist und sie sich davon Kühlung versprechen. Harte Böden als Liegeplätze sind grundsätzlich zu vermeiden, da Ihr Hund aufgrund seines Gewichtes und seiner kurzen Haare sehr schnell unschöne Liegeschwielen an den Ellenbogen bekommt. Diese müssen dann mit einer Salbe behandelt werden.

Natürlich sollten Sie alle kostbaren Accessoires, Stromkabel und sonstige Utensilien, die einen Welpen zum Spielen reizen könnten, erstmal in Sicherheit bringen. Es gibt Welpen, die diese Dinge absolut ignorieren und alles in Ruhe lassen. Andere, auch Wurfgeschwister, wollen alles Neue erst einmal untersuchen – natürlich mit ihrem Fang.

Dann wäre noch der Platz zu finden, an dem Ihr Hund sein Futter bekommen und der Wassernapf stehen soll. Sinnvollerweise sollte dies an einem Ort sein, der sich leicht reinigen lässt. Relativ unproblematisch ist die Futteraufnahme, da dies meist ohne große Unterbrechung geschieht, kontrolliert durch Herrchen oder Frauchen. Die Trinkgewohnheiten der Doggen können jedoch sehr unterschiedlich sein. Gehört Ihre Dogge zu der Gattung, die ihren ganzen Fang bis zu den Augen in den Wassernapf steckt und trinkt, sollten Sie mit einem Handtuch bereitstehen. Andere trinken ganz normal, wie andere große Hunde auch, ohne dass etwas daneben tropft. Hausbesitzer haben es hier einfacher. Sie können den Futterplatz und die Wasserschüssel außerhalb ihres Wohnbereiches einrichten. Natürlich muss ein Hund aber jederzeit die Möglichkeit haben, Wasser aufzunehmen.

Bewegung in Maßen

Deutsche Doggen wachsen sehr rasch und ihre Knochen haben mit ca. sieben Monaten bereits 90 Prozent ihrer Endlänge erreicht; ihr Endgewicht natürlich noch nicht. Um ernsthafte Erkrankungen der Gelenke und Bänder zu vermeiden, dürfen sie während der Zeitspanne ihres stärksten Wachstums nicht zu sehr belastet werden. Leider wird dies, vor allem von den stolzen Doggenbesitzern, die sich erstmals ihren Traum erfüllt haben, sehr häufig nicht beachtet. Der Welpe ist mit zehn Wochen fast schon so groß, wie

Wunderschöne gerade Vordergliedmaßen. Absolut korrektes Vorderfußwurzelgelenk. Eine Überbeanspruchung hätte schlimme Folgen.

Die fast vier Monate alte Hündin betrachtet aufmerksam ihr Frauchen: „Werde ich jetzt geschimpft, weil ich eine Blume ausgetopft habe?

manch anderer ausgewachsener Hund. Und er zeigt uns beim Spaziergang nicht, wenn er müde ist, da er seinem Menschen natürlich immer folgen wird. Spielt er oder bewegt er sich alleine im Garten, legt er Pausen ein, wenn er müde ist. Daher müssen in den ersten Monaten die Spaziergänge sehr dosiert sein. Als Faustregel kann man pro Lebenswoche ca. zwei Minuten ansetzen. Auch übermäßiges Spielen mit anderen, vor allem kleineren Hunden, selbst gleichen Alters, ist zu vermeiden, da deren Körperproportionen durch ein völlig anderes Knochenwachstum sehr viel besser aufeinander abgestimmt sind. Ebenso ist das Anrempeln und Umstoßen im Spiel nichts für Ihre junge Dogge, deren Proportionen teilweise überhaupt nicht zueinanderpassen und die dadurch auch ungelenk ist. Selbst Geschwister wachsen unterschiedlich. Es gibt Wachstumsschübe, aber auch Wachstumsstopps der einzelnen Knochen.

Deutsche Doggen und Treppen sind ein Thema, zu dem es höchst unterschiedliche Meinungen gibt. Es ist sicher nicht zu empfehlen, wenn Welpen und Junghunde unentwegt treppauf treppab gehen. Es schadet aber nicht, wenn Ihr Hund mehrmals täglich mit Ihnen eine Treppe hochsteigt und hinuntergeht. Wichtig ist, dass er dies unter Aufsicht und entsprechend kontrolliert macht. Also nicht zu schnell, damit er nicht ausrutscht und sich dabei verletzt. Wäre das normale Treppensteigen für junge Doggen schädlich, müssten viele Deutsche Doggen Fehlstellungen der Gliedmaßen haben.

Die Erstausstattung

Die Erstausstattung sollte vorher besorgt werden, denn wenn der Welpe erst einmal bei Ihnen eingezogen ist, könnte dies etwas schwierig werden. Von der Mutter getrennt, können Sie ihn in den ersten Wochen noch nicht zu lange alleine lassen. Er kann auch noch nicht unbeobachtet im Auto bleiben. Passt jemand auf ihn auf, ist das natürlich kein Problem.

Hundekissen mit wasser- und schmutzabweisendem Bezug

Sinnvollerweise wählt man für den Welpen erst mal eine kleinere Ausführung, für eine erwachsene Dogge dann in der Größe 120 x 80 cm. Vorteilhaft ist es, wenn das Hundebett einen höheren Rand hat, Doggen kuscheln sich gerne rein.

Wasser- und Futternapf

Die Näpfe sollten auch mitwachsen. Besonders praktisch sind Edelstahlnäpfe, da sie leicht zu reinigen sind. Für eine erwachsene Dogge reicht ein Fassungsvermögen von höchsten 3 Litern, damit nichts danebengeht. Auch hier gibt es wieder zwei höchst unterschiedliche Meinungen: Soll der Futternapf auf dem Boden stehen oder benutzt man einen höhenverstellbaren Ständer, der im Handel angeboten wird? Die meisten Doggenbesitzer füttern ihre Hunde „erhöht“, weil sie befürchten, dass der korrekte Stand ihrer Hunde durch das Beugen bei der Futteraufnahme beeinträchtigt wird. Das trifft natürlich nicht zu.

Der jungen Dogge ist anzusehen, mit welcher Lust und welchem Eifer sie das Spielzeug haben möchte. Eine willkommende Abwechslung zwischen Trainingseinheiten.

Spielzeug

Ideal sind Spieltaue aus Baumwolle, strapazierfähige Kunststoffnoppenbälle, verknotete Tücher und auch Stofftiere, wie sie Kleinkinder haben. Aber Vorsicht, dass hierbei keine Steckaugen oder -nasen vorhanden sind, die die Hunde herausziehen und leicht verschlucken können. Natürlich kann man auch im Handel angebotene Büffelhautknochen und andere Kauartikel verwenden.

Halsband und Leine

Sie brauchen ein Leder- oder Nylonhalsband ohne Zug, 1,5 bis 2 cm breit sowie eine Leine aus Leder oder Nylon, 1 m lang, mit Bolzenhaken. Klären Sie vorher ab, ob dies zu der Ausstattung des Welpen durch den Züchter gehört. Da das Halsband sehr bald zu klein und die Leine zu kurz sein wird, wäre hier eine preiswerte Variante zu empfehlen.

Pflegeutensilien

Naturhaarbürste oder Noppenhandschuh, Zeckenzange, Krallenschere oder Krallenzange benötigen Sie für Ihre Dogge. Außerdem ist eine Hundeapotheke für Notfälle sinnvoll, wie sie im Handel erhältlich ist.

Den Welpen abholen

Endlich ist es so weit: Sie holen Ihren Welpen ab. Bitte nehmen Sie in jedem Fall eine Begleitperson mit und fahren Sie nicht alleine. Es wäre für die kleine Dogge ein ganz schreckliches Erlebnis, wenn sie alleine auf dem Rücksitz oder im Kofferraum eines Kombis diese Reise antreten müsste. Deshalb macht sich – wenn möglich – am besten die ganze Familie auf den Weg. Auf der Fahrt sollte sich die zukünftige Bezugsperson um den Welpen kümmern. Dies ist ganz wichtig. Der Welpe wird sich erst einmal der Person anschließen, die ihn über den Verlust seiner Geschwister und der gewohnten Umgebung hinwegtröstet. Eine Decke und evtl. einen Wassernapf sollten Sie dabeihaben.

Noch etwas hat sich als sehr hilfreich erwiesen: Holen Sie Ihren Welpen so recht-

So kann der Welpe völlig entspannt in den Armen seines zukünftigen Herrchens die Reise in sein neues Zuhause antreten. Ihm wird er in den nächsten Tagen auf Schritt und Tritt folgen.

zeitig ab, dass er noch bei Tageslicht in seinem neuen Zuhause ankommt. Er hat dann Gelegenheit, seine neue Umgebung besser kennenzulernen.

Natürlich sollte der Welpe vor der Fahrt nicht gefüttert werden. Das hat zwei Vorteile: Nicht alle Welpen vertragen das Autofahren, manchen wird schlecht und sie erbrechen. Außerdem ist der Welpe dann hungrig, wenn Sie ihm das erste Mal Futter anbieten.

Verständlich, aber nicht förderlich ist es, wenn zu Hause viele Freunde und Bekannte das neue Familienmitglied begrüßen würden. Lassen Sie dem Welpen ein paar Tage Zeit, sich einzugewöhnen. Es ist das bisher einschneidendste Erlebnis in seinem Leben. Sie und Ihre Familie sind die Bezugspersonen, bei denen der Welpe seine Sicherheit finden soll. Die Eingewöhnung fällt dem Kleinen natürlich sehr viel leichter, wenn Sie schon vorher Gelegenheit hatten, ihn beim Züchter zu besuchen. Dann hatte er schon Gelegenheit, sich an Ihre Stimme, Ihren Geruch und Ihre Gebärden zu gewöhnen.

1 *Den ersten Kontakt genießen beide sichtlich. Die noch nicht ganz acht Wochen alte Hündin hat eine sehr schöne Grundfarbe.*

2 *Der schwarze, sehr gleichmäßig gezeichnete Welpe beobachtet aufmerksam seine Umgebung.*

Was Sie vom Züchter bekommen

Beginnen wir mit dem Kaufvertrag, auf dem Sie bestehen sollten. Lesen Sie diesen genau durch und fragen Sie nach, wenn Sie etwas nicht verstehen. Stellen Sie sicher, dass er auf Ihren Welpen abgestimmt ist. Hinterher ist es zu spät. Im Vertrag könnten auch die Daten der Entwurmungskuren sowie das verwendete Präparat aufgeführt sein.

Ist der Züchter in einem Zuchtverband organisiert, erhalten Sie eine Ahnentafel (Pedigree) oder umgangssprachlich den Stammbaum Ihres Hundes. Aus dieser Ahnentafel können Sie die Eltern und deren Ahnen über drei Generationen ersehen, außerdem sämtliche Titel, die diese errungen haben, Ergebnisse von Röntgenuntersuchungen, die Chipnummer Ihres Welpen sowie die Zuchtbuchnummern der Vorfahren und seine eigene, unter der er ins Zuchtbuch eingetragen wurde. Diese Ahnentafel gehört zu Ihrem Hund wie ein Kraftfahrzeugbrief zum Auto. Auf dieser wird auch der Eigentumswechsel dokumentiert.

Den Internationalen Impfpass Ihres Welpen mit den Eintragungen der bereits vorgenommenen Impfungen und die Termine für anstehende Folge-Impfungen erhalten Sie ebenfalls ausgehändigt.

Aus dem Wurfabnahmeprotokoll, das der betreuende Zuchtwart nach der achten Lebenswoche der Welpen gefertigt hat, können Sie weitere Details, auch über die Geschwister Ihres Welpen, ersehen.

Ein Futterplan sowie Futter für die nächsten Tage, damit die kleine Dogge nicht gleich

1

2

auch noch eine Futterumstellung mitmachen muss, gehören ebenfalls zu einer Grundausstattung. Besonders aufmerksame Züchter geben Ihnen noch eine Decke mit, auf der der Welpe in den letzten beiden Tagen gelegen hat. Durch den vertrauten Geruch fällt ihm die Eingewöhnung leichter. Auch ein Spielzeug, das schon entsprechend riecht, hilft ihm dabei.

Der Züchter hat den Welpen meist schon an Halsband und Leine gewöhnt. Auch wenn diese sehr einfach sind, sind sie für den Übergang recht hilfreich, da er sie bereits kennt.

Der Weg nach Hause

Nutzen Sie die letzten Minuten, die Ihr kleiner Hund noch in seiner gewohnten Umgebung ist, um mit ihm zu spielen. Wenn er müde ist, verschläft er sicher die meiste Zeit der Autofahrt mit entsprechendem Körperkontakt an Ihrer Seite. Sollte er unruhig werden und vielleicht auch etwas speicheln, machen Sie eine kurze Rast. Aber Vorsicht, halten Sie die Leine gut fest und versichern Sie sich, dass er nicht aus dem Halsband schlüpfen kann. Leider kommt es immer wieder vor, dass Hunde plötzlich losrennen, weil sie sich erschrecken.

Ankunft im neuen Heim

Ab sofort liegt es an Ihnen, wie schnell Ihr Welpe stubenrein wird. Bringen Sie ihn sofort an seinen zukünftigen Löseplatz und ermuntern Sie ihn mit Ihrem Zauberwort, das Sie zukünftig immer bei solchen Gelegenheiten verwenden, sein Geschäft zu verrichten (z. B. „Mach's" o. Ä.). Er wird natürlich zuerst seine neue Umgebung beschnuppern, Sie müssen deshalb etwas Geduld haben. Löst er sich, loben Sie ihn und wiederholen gleichzeitig Ihr Zauberwort. Aber bitte nicht vergessen: ob innerhalb oder außerhalb Ihres Grundstücks – lassen Sie ihn erst einmal angeleint. Kommt er, wenn Sie ihn rufen, kann die Leine natürlich wegbleiben. Auch wenn er erst acht oder zehn Wochen alt ist, ist es nicht einfach, einen verschreckten Welpen wieder einzufangen.

Trotz aller Bemühungen wird es Ihnen nicht gelingen, Ihren Kleinen immer im Auge zu behalten. Deshalb sollten Sie besonders darauf achten, dass er nicht permanent dazu verleitet wird, Fehler zu machen. Räumen Sie also Schuhe weg, damit er sie nicht anknabbern kann. Sie riechen ja so toll. Stellen Sie Blumentöpfe hoch, damit er diese nicht austopfen kann. Lassen Sie keine Fernbedienungen – beliebtes Spielzeug – in seiner Reichweite liegen. Beschäftigen Sie ihn mit seinem Hundespielzeug. Geben Sie ihm nicht alles auf einmal, das ist langweilig. Jeden Tag ein anderes ist viel interessanter. Denken Sie daran: Die Zeit, die Sie jetzt investieren, erspart Ihnen später viel Ärger. Vielleicht haben Sie auch die Möglichkeit, eine Ecke oder Teile eines Raumes vorübergehend abzutrennen, wie man es manchmal bei Kleinkindern macht. Ihr Ziel ist es schließlich, Ihre Dogge von Anfang an so zu erziehen, dass Sie sich gegenseitig vertrauen können.

Die Farbe des kräftigen blauen Welpen ist ideal. Das kleine weiße Abzeichen auf der Brust stört einen Züchter nicht. Es wird so klein bleiben oder ganz verschwinden.

Stubenreinheit

Wenn junge Hunde aufwachen, müssen sie immer ganz schnell ihr kleines Geschäft erledigen. Sie müssen verhindern, dass dies in Ihrer Wohnung geschieht. Von Anfang an. Dies ist bei entsprechender Aufmerksamkeit gar nicht so schwer. Sobald der Welpe sich in Ihrer Wohnung einige Male gelöst hat, wird es schon schwieriger, weil es danach riecht und ihn weiter dazu verleitet. Tragen Sie deshalb die ersten Tage, wenn es Ihnen möglich ist, Ihren Welpen von seinem Schlafplatz weg nach draußen zu seinem Löseplatz. Hier riecht es entsprechend, und er wird sich lösen. Dann sofort mit Ihrem ganz persönlichen Zauberwort tüchtig loben. Er muss auch, wenn er nur ein kurzes Nickerchen gemacht hat. Selbst wenn es etwas länger dauert oder er auch mal nicht muss, schadet es nichts. Besser einige Male umsonst in den Garten getragen, als in die Wohnung gepinkelt. Folgt er Ihren Rufen, entfällt natürlich das Tragen, aber es muss sehr schnell gehen. Nicht durch einige Zimmer oder über Treppen.

Das gleiche Ritual gilt auch für das große Geschäft. Natürlich wird das nicht so oft erledigt. Im Normalfall kann man davon ausgehen, dass es sich an der Anzahl der Mahlzeiten orientiert. Viermal gefüttert heißt vier- bis fünfmal großes Geschäft. Passiert es trotz größter Aufmerksamkeit, dass Ihr Welpe es nicht bis draußen schafft, ignorieren Sie das Malheur. Nehmen Sie ihn an die Leine und führen Sie ihn nach draußen an seinen Platz. Danach beseitigen Sie die Hinterlassenschaft. Denken Sie darüber nach, ob Sie unaufmerksam waren oder welche Anzeichen Sie übersehen haben. Wichtig ist auch, zu wissen, auf welchem Boden Ihr Welpe bei seinem Züchter sein Geschäft verrichtet hat. Ist er an Beton oder Platten gewöhnt oder hatte er Naturboden oder Wiese zur Verfügung? War er gar bei einer ausschließlichen Haus- oder Wohnungsaufzucht – die nicht artgerecht ist – gewöhnt, auf Zeitungspapier seine „Geschäfte“ zu erledigen? Dies alles kann, je nachdem, was Sie ihm anbieten,

Nicht schimpfen

Schimpfen Sie Ihren Welpen nie, wenn Sie es nicht gemerkt haben, dass er muss, und ein Malheur passiert ist. Er ist ein Hundekind, das Blase und Darm noch nicht kontrollieren kann. Wenn er muss, dann muss er sofort! Falls ein Malheur passiert ist, gehen Sie mit Ihrem Welpen nach draußen und danach beseitigen Sie es, z. B. mit Essigreiniger.

dazu führen, dass es etwas länger dauert, bis er den Löseplatz akzeptiert. Wenn Sie in den ersten Tagen möglichst spät noch mal Gassi gehen und morgens schon recht früh unterwegs sind, ist Ihr Welpe schon nach wenigen Tagen stubenrein.

Die ersten Nächte

Hatten Sie Glück und Ihr Welpe hat seine Schlafdecke mitgebracht, wird er seinen Schlafplatz schneller akzeptieren. Setzen Sie sich zu ihm und warten Sie, bis er eingeschlafen ist. Ist sein Nachtlager neben Ihrem Bett, merken Sie sicher rechtzeitig, wenn er aufwacht und können schnell reagieren: auf den Arm nehmen, nach draußen tragen, warten, nach dem Lösen loben und dann zurück ins Bett.

Sperren Sie ihren Welpen nicht in ein Zimmer mit geschlossener Tür nach dem Motto: „Hier ist es nicht so schlimm, wenn er reinmacht. Hier kann er auch nichts kaputtmachen.“ So von der Außenwelt abgeschnitten zu sein, würde ihn verstören. Sie würden ihn nicht hören, wenn er sich bemerkbar macht. Die Stubenreinheit und die Eingewöhnung werden dadurch nicht gefördert.

Ist der Welpe an sein Nachtlager gewöhnt, können Sie es nach einigen Tagen an die endgültige Stelle geben. Er wird dies mit zunehmender Vertrautheit akzeptieren.

Dieser Welpe hat schon gelernt, sein kleines Geschäft auf Naturboden zu machen. Jetzt muss er nur noch den richtigen Platz finden.

Gesunde Ernährung für Ihre Dogge

Ihr Welpe ist gerade dabei, nach seinem Umzug in eine völlig neue Welt die weitreichendste Veränderung in seinem Leben zu meistern. Deshalb sollten Sie ihn nicht auch noch mit einer Futterumstellung belasten. Bieten Sie ihm daher in den nächsten Tagen das Futter an, das er gewöhnt ist, auch in der gleichen Menge und, wenn möglich, zu den gleichen Zeiten. Vom Züchter haben Sie sicher eine Übergangsration bekommen oder Sie haben sich im Vorfeld das bekannte Futter besorgt.

Es geht hier nicht nur darum, dass Ihr Welpe das neue Futter eventuell nicht nimmt, eine sofortige Futterumstellung würde sich auch negativ auf die Verdauung auswirken. Einen von Durchfall geplagten Welpen zur Stubenreinheit zu erziehen, ist eine Herausforderung, die man nicht haben muss.

Es gibt Welpen, die mit dem gewohnten Futter sofort ihr gewohntes Fressverhalten zeigen. Es gibt aber auch Welpen, die sich erst ein bis zwei Tage an die neue Situation gewöhnen müssen. Es ist nicht ganz so schlimm, wenn der Kleine anfangs die im Futterplan angegebene Menge noch nicht zu sich nimmt. Sie sollten aber von Anfang an darauf bedacht sein, Ihre Dogge zum richtigen Fressverhalten zu erziehen. Dies bedeutet, dass es ganztägig keinen gefüllten oder mit Resten aus der vorherigen Mahlzeit versehenen Futternapf geben darf. Der Hund bekommt sein Futter und hat Gelegenheit, dies ungestört innerhalb kurzer Zeit, höchstens fünf Minuten, aufzunehmen. Macht er dies nicht, wird der Futternapf weggenommen und er bekommt erst wieder bei der nächsten Fütterung die Möglichkeit, diesen zu leeren. Keine Angst, er verhungert nicht und nach ein bis zwei Tagen hat er sich daran gewöhnt. Sauberes Wasser muss natürlich immer zur Verfügung stehen.

Fertigfutter, Selbstgekochtes oder rohes Fleisch

In dieser Übergangsphase können Sie nun selbst entscheiden, wie Sie Ihre Dogge zukünftig ernähren möchten. Sie sollten sich jedoch immer vor Augen halten, dass Sie sich für eine große und vor allen Dingen auch für eine schnell wachsende Rasse entschieden haben, die ausgewachsen auf geraden Läufen stehen und frei von Aufzuchtmängeln sein soll. Sie haben viele Möglichkeiten, dies zu erreichen.

Die Futtermittelindustrie bietet eine Vielzahl von Fertigfutter an, angefangen von Trockenfutterpellets in unterschiedlichen Größen. Liest man die Beschreibung, so ist das Futter bei einigen Herstellern auch auf den Bedarf des Hundes in den verschiedenen Altersstufen sowie auf einzelne Hunderassen abgestimmt. Sie sollten dabei nicht an der Qualität sparen. Wichtig ist dabei, dass ein Trockenfertigfutter in der Regel ein Alleinfutter ist (siehe Angaben des Herstellers). Zusätzliche Mineralstoffgaben oder sonstige Geheimmittel sind hierbei tabu. Sie zerstören die gewollte und ausgewogene Zusammensetzung des Futters.

Artgemäß beschäftigt heißt auch, dass die Dogge ihre Zähne benutzen sollte. Dafür gibt es unzählige Kauartikel im Handel, die ans Alter angepasst gegeben werden sollten.

Dies gilt für den Normalfall. Natürlich gibt es immer wieder Hunde, die – in Abstimmung mit dem Tierarzt – über einen bestimmten Zeitraum Ergänzungen erhalten müssen. Auch Feuchtfutter aus der Dose wird angeboten.

Oder Sie bereiten die Mahlzeiten selbst zu. Füttern Sie Fleisch, das Sie mit Flocken, Gemüse und Mineralstoffzugaben anreichern. Manche wählen auch eine Mischform. Morgens „Hausmannskost" und abends Trockenfutter.

Doggen nehmen ihr Futter auch aus Schüsseln, die am Boden stehen auf, gerne aber auch aus einem höhenverstellbaren Futterständer. Dies hängt auch ein Bisschen mit der Art der Fütterung zusammen. Notwendig ist es nicht.

Füttern sollten Sie Deutsche Doggen, wenn sie erwachsen sind, mindestens zweimal täglich, besser dreimal, damit die Portionen nicht zu groß sind. Wenn Sie Ihren Hund von einem Züchter haben, wird er Ihnen sicher hierzu seine Erfahrungen mitgeteilt haben. Ihre eigenen müssen Sie selbst machen, da die Hunde auf die verschiedenen Futtermittel auch unterschiedlich reagieren.

Barfen

Selbstverständlich können Hunde auch mit rohen Zutaten ernährt werden. Ob das besonders artgerecht ist, kommt ganz darauf an, wie man artgerecht definiert. Tatsächlich kann man der Auffassung sein, dass rohes Futter dem natürlichen Nahrungsspektrum der Caniden näher kommt als Gegartes. Andererseits werden bei der Rohfütterung keine ganzen Beutetiere mit Haaren, Federn usw. angeboten. Die Rohfütterung, wie wir sie verstehen, unterscheidet sich dadurch doch erheblich von der Nahrung der wilden Vorfahren des Hundes.

Entscheidet man sich für das Barfen (ausschließliche Verfütterung roher Zutaten), was immer mehr Hundehalter tun, so wäre es von Vorteil, wenn der Welpe bei seinem Züchter auch schon ab und zu rohes Fleisch bekommen hat. Die Umstellung ist dann einfacher. An eine erstmalige Rohfleischfütterung mit zehn oder zwölf Wochen muss sich der Welpe sonst erst einmal gewöhnen. Das kann etwas dauern. Man muss auch mit ungereinigtem Pansen, Innereien, Hühnerkarkassen und Kopffleisch von Rindern umgehen können. Zu kaufen ist dies alles portionsweise tiefgefroren im Handel.
Bei dieser Art der Fütterung benötigt man allerdings zur Aufbewahrung des Fleisches eine Gefriertruhe, denn es müssen größere Mengen gelagert werden. Eine ausgewachsene Dogge benötigt täglich ca. 1 bis 1,5 Kilogramm.

Angereichert wird das Fleisch dann mit rohem Obst oder Gemüse, dies in pürierter Form mit etwas Öl. Nur dann ist es dem Hund möglich, die Nährstoffe aufzunehmen.

In der Wachstumsphase muss das so zusammengestellte Futter einer Dogge noch mit bedarfsgerechten Mineralstoffen angereichert werden. Zu viel davon ist genauso schädlich wie zu wenig. Hierbei die richtige Dosierung zu finden, ist nicht ganz einfach. (Auch nicht bei älteren oder kranken Hunden.) Beachtet werden muss bei den Mineralstoffen das Kalzium- Phosphor-Verhältnis, das für ein gesundes Knochenwachstum besonders wichtig ist. Es sollte ca. 1 : 0,8 betragen. In der Wachstumsphase kann der Bedarf ein Fünffaches des Normalbedarfes betragen, der bei Kalzium bei ca. 80 mg/kg und bei Phosphor bei ca. 60 mg/Kg Körpergewicht liegt. Bei kleineren und mittleren Rassen hat dies nicht die Bedeutung wie bei einer Dogge.

Wer sich für das Barfen entscheidet, sollte daran denken, dass dies auch bei Urlaubsreisen beibehalten werden müsste. Oder Sie gewöhnen Ihre Dogge vorher an ein Übergangsfutter für den Urlaub. Viele Hundehalter, die ihre Hunde barfen, füttern dann ein hochwertiges Dosenfutter mit hohem Fleischanteil oder ein getreidefreies Trockenfutter.

Diese Beute muss gerettet werden. Falls nötig, läuft man einfach davon und hofft dass der Andere folgt. Sonst macht es ja keinen Spaß. Das gehört zum Spiel.

Auf den Hund abgestimmt füttern

Für welche Art der Fütterung man sich auch entscheidet – wichtig ist, dass sie dem Lebensalter und der körperlichen und geistigen Auslastung angepasst ist. Ein altes Züchtersprichwort sagt: „Eine Deutsche Dogge zieht man mit den Augen auf." Gemeint ist damit, dass man sich z. B. bei Fertigfutter nicht blind auf die Mengenangaben des Herstellers verlassen soll. Dies sind Durchschnittswerte.

Schlank halten

Richtig ernährt wird eine Dogge, wenn man in der Wachstumsphase, also bis zu einem Jahr, immer ganz leicht das Rippenspiel erkennen kann. So schwer das fällt, nicht mehr zu geben, in diesen Monaten sollte der Hund lieber etwas dünner als zu dick sein. Leider machen viele Doggenbesitzer den Fehler, dass ihr Hund ihnen nicht groß und schwer genug sein kann. Die Wissenschaft ist sich hier einig, dass die meisten Skelettfehler aufzuchtsbedingt und nicht erblich vorgegeben sind. Natürlich darf man am Rücken nicht die einzelnen Wirbel erkennen oder gar die Hüftknochen. Dann ist der Junghund zu dünn.

Der richtige Stand

Die Dogge soll auf Katzenpfoten stehen, das heißt, die Zehen sollen nicht gespreizt sein und sie sollen nach vorne zeigen. Da Welpen und auch Junghunde oft situationsbedingt „krumm" dastehen, ist das noch kein Grund zur Panik. Vergewissern Sie sich, wie Ihr

Eine wunderschöne Hündin im korrekten Stand, mit viel Adel.

Höchstes Glück beim Spazierengehen: So kraftvoll sollten Doggen in der Bewegung sein.

Hund steht, wenn Sie ihn mit einer Hand unter die Brust fassen, ihn einige Zentimeter vorne hochheben und dann wieder absetzen. Wenn Sie unsicher sind, sprechen Sie mit dem Züchter oder stellen Sie Ihren Hund dem Tierarzt vor. Im Welpen- und Junghundealter kann man meist korrigierend einwirken.

Erwachsene Doggen

Völlig problemlos ist die Fütterung einer ausgewachsenen Dogge. Hündinnen sind dies mit ca. 18 Monaten und Rüden teilweise erst mit zwei Jahren. Ihre Endgröße haben sie da schon lange erreicht. Dann haben sie auch die notwendige Substanz.

Tipp

Fütterungszeiten

Füttern Sie Ihre Dogge am besten immer zu festgelegten Zeiten, damit sie sich darauf einstellen kann. Einen Fütterungsplan finden Sie auf Seite 77.

Fellveränderungen

Merken Sie Veränderungen am Haarkleid Ihres Hundes, so kann es sein, dass er auf das Futter allergisch reagiert, dass er gewisse Inhaltsstoffe nicht verträgt. Auch hier wäre dann der Tierarzt gefragt, wenn Ihnen der Züchter nicht helfen kann.

Kleine Leckereien

Selbstverständlich kann man seine Dogge auch außerhalb der Mahlzeiten mit kleinen Leckereien verwöhnen. Sei es ein Stück Apfel, ein Joghurt oder einige Scheiben Wurst, die vom Frühstück übrig geblieben sind – natürlich immer im richtigen Verhältnis zur Gesamtfuttermenge. Zu viel Energiezufuhr schadet und kann zu Übergewicht führen. Übergewicht fördert nicht nur die Entstehung von Gelenkerkrankungen, auch Stoffwechselstörungen oder Hauterkrankungen sind möglich. Außerdem senkt es die Lebenserwartung des Hundes.

Wird ein Hund bedarfsgerecht gefüttert, benötigt er keine Abwechslung. Man kann durchaus ein ganzes Hundeleben lang bei einer Futtermarke bleiben, wenn er sie gut verträgt. Aber auch Abwechslung schadet nicht.

Knochenfütterung

Sollten Sie Knochen verfüttern wollen, dann nur im rohen Zustand. Gekocht können die Splitter schwere Verletzungen hervorrufen. Besonders geeignet sind Kalbsknochen, Rindermarkknochen, Rinderkehlköpfe und Luftröhren von Rind und Lamm. Diese sollten jedoch nicht als Nahrungsmittel gegeben werden, eher zur Beschäftigung und davon nicht zu viel. Sonst gibt es Probleme beim Absetzen des Kots. Gänzlich verboten ist die Verfütterung von Schweineknochen. Es gibt Ernährungswissenschaftler, die grundsätzlich von einer Knochenfütterung abraten.

Gesundes für die Dogge

Proteine tierischen Ursprungs

- Rohes oder gekochtes Rind-, Lamm- oder Geflügelfleisch
- Rohe Schlachtabfälle wie etwa ungereinigter Pansen, außerdem Innereien von Rind, Lamm und Geflügel (wobei die Lunge so gut wie keinen Nährwert hat und Leber und Kuheuter in größeren Mengen zu Durchfall führen können)
- Roher oder gegarter Fisch
- Fleischmehl, Knochenmehl, Fischmehl
- Magerquark, Naturjoghurt und Hüttenkäse
- Rohes Eigelb oder gekochtes Ei mit Schale, wobei dieses in einem Mörser zerstampft werden sollte.

Das ist für Ihre Dogge tabu!

Folgendes sollten Sie Ihrer Dogge in keinem Fall füttern:

- Rohes vom Schwein – kann für den Hund tödlich sein (Aujeszkysche Krankheit)
- Rohes Getreide, rohe Kartoffeln, rohe Kohlpflanzen und rohe Hülsenfrüchte
- Zwiebeln und Knoblauch in größeren Mengen führen zu Blutarmut
- Weintrauben, Rosinen können zu Vergiftungen führen
- Schokolade kann tödlich sein
- Größere Mengen an Milch (Durchfall), gegarten Hülsenfrüchten (Blähungen, Magenaufgasungen)

Auch das muss geübt werden. Der Welpe nimmt das angebotene Leckerli sehr vorsichtig aus der Hand. Gieriges Zuschnappen muss bereits in diesem Alter unterbunden werden.

Proteine pflanzlichen Ursprungs

- Mais, Sojaprodukte und getrocknete Bierhefe

Kohlehydrat- und Ballaststofflieferanten

- Mais, Reis, Weizen, Haferflocken
- Nudeln
- In Fett/Öl gegarte Karotten oder rohe, fein pürierte Karotten mit etwas Öl
- Rohe Äpfel, fein püriert

Nahrungsergänzungsstoffe

- Zerstoßene Eierschale (Kalk)
- Bierhefe (Vitamine, Vitalstoffe)
- Seetangmehl (Vitamine, Mineralstoffe, Spurenelemente)
- Lachsöl (essenzielle Fettsäuren)
- Kalt gepresste Pflanzenöle (essenzielle Fettsäuren)
- Getrocknete Brennnesseln (vitamin- und mineralstoffreich, stoffwechselanregend)

Fütterungsplan für Welpen

Zu der bereits beschriebenen, ausgewogenen Ernährung rasch- und großwüchsiger Rassen gehört auch, dass die tägliche Futterration aus gesundheitlichen Gründen auf mehrere Mahlzeiten aufgeteilt wird.

8. bis 12. Lebenswoche

Bewährt hat sich eine viermalige Fütterung am Tag, mindestens bis zur 12. Lebenswoche. Diese könnte um 8.00 Uhr beginnen, dann um 12.00 Uhr, 16.00 Uhr und 20.00 Uhr.

Bis ins Alter

Ab etwa der 12 Woche kann dann die 16.00 Uhr-Fütterung wegfallen und die Abendmahlzeit auf 18.00 Uhr vorverlegt werden.

Diese mehrmalige Fütterung hilft, die enorme Belastung der Knochen, Sehnen, Bänder und Gelenke zu minimieren. Sie trägt auch dazu bei, dass der Magen des Welpen bereits im Welpenalter nicht unnötig ausgedehnt wird. Wenn möglich, sollte die dreimalige Fütterung das ganze Hundeleben beibehalten werden. Dies gehört zu den sinnvollen Maßnahmen, um einer Magendrehung vorzubeugen.

Vorsicht Altersspeck

Jedes Lebensstadium eines Hundes stellt unterschiedliche Anforderungen an die Fütterung. Im Handel werden entsprechende Produkte angeboten. Wie auch andere Hunde neigen Doggen dazu, im Alter etwas Speck auf den Rippen zu bekommen. Zum größten Teil liegt dies an verminderter Bewegung. Seien Sie deshalb wachsam. Vermeiden Sie Übergewicht bei Ihrem alternden Hund. Dies könnte zu schwerwiegenden Störungen seines Allgemeinbefindens führen. Herz-Kreislauf-Erkrankungen können die Lebenserwartung erheblich senken.

Es gibt keinen Grund, warum ein acht Jahre alter Doggenrüde schwerer sein soll als ein Vierjähriger. Eine Futterreduktion alleine wird da nicht helfen, da es damit auch zu einer Unterversorgung wichtiger Nährstoffe kommen kann. Reduziert werden soll nur der Energiegehalt. Dies ist bei den im Handel angebotenen Light-Produkten der Fall. Um Ihren Hund auch im Alter gesund zu erhalten, sollten Sie neben einer angepassten Fütterung auch die täglichen Aktivitäten nicht ganz einstellen. Spaziergänge machen Spaß und halten unseren Hund fit.

Trinkwasser

Jeder Hund sollte jederzeit frisches Trinkwasser zur Verfügung haben. Bei einer Dogge muss dies öfters gewechselt werden, da es je nach Trinkgewohnheit Ihres Hundes etwas

„schleimig“ wird. Also füllen Sie bitte nicht zu viel in den Napf.

Füttert man Trockennahrung, so ist das Trinkwasser ganz besonders wichtig. Leider kann man bei den Empfehlungen der einzelnen Futtermittelhersteller keine einheitliche Richtung erkennen. Die einen empfehlen, das Futter einzuweichen, die anderen es trocken zu füttern und die nächsten zwei Stunden auch kein Wasser zur Verfügung zu stellen, damit die Magensäure nicht „verwässert“ wird.

Gute Erfahrungen wurden mit kurz im lauwarmen Wasser eingeweichtem Futter gemacht. Trocken gereicht zieht sich bei hastigen Fressern der Magen sichtlich zusammen. Das sollte vermieden werden.

Mit knapp neun Jahren ist diese Hündin noch richtig fit und hat eine sehr gute Konstitution. Zwei Würfe hat sie großgezogen. Altersspeck kann man bei ihr nicht erkennen.

Tipp

In der kalten Jahreszeit beachten

Achten Sie in den Wintermonaten auch darauf, dass der Wassernapf, sofern er im Freien steht, vor dem Trinken immer frisch gefüllt wird. Auch Hunde können Halsentzündungen und Entzündungen der Magenschleimhaut bekommen. wenn sie Eiswasser trinken. Dies gilt auch für die Fütterung.

Die richtige Pflege

Wie bei allen kurzhaarigen Hunden ist bei der Deutschen Dogge die Pflege des Fells nicht sehr aufwändig. Aber auch die Augen, Ohren, das Gebiss, die Pfoten und Krallen müssen regelmäßig kontrolliert und gepflegt werden. Krankheiten werden dadurch rechtzeitig erkannt bzw. können ganz vermieden werden.

Fellpflege

Bestens bewährt haben sich für die Fellpflege ein Gumminoppenhandschuh und eine Bürste. Im Normalfall reicht ein einmaliges wöchentliches Rubbeln mit dem Gummihandschuh und die Nachbearbeitung mit der Bürste aus. Speziell für die Halsregionen leistet ein feinzinkiger Metallkamm ausgezeichnete Dienste. Wesentlich preiswerter ist ein Schweißmesser mit Zacken, wie es bei den Pferden verwendet wird. Der Kamm und das Schweißmesser sind ohne jeden Druck anzuwenden, damit die Haut nicht verletzt wird.

Grundsätzlich findet der große Fellwechsel zweimal jährlich statt. Bei den Hündinnen immer, auch wenn sie keinen Wurf hatten, ca. 6 bis 8 Wochen nach dem Geburtstermin. Da ist über ein paar Wochen tägliches Bürsten angesagt, damit möglichst wenig Stichelhaare im Hundebett hängen bleiben.

Liegeschwielen

Achten Sie bei der Fellpflege ganz besonders darauf, wie sich das Fell an den Ellenbogen des Hundes anfühlt. Ist es glatt und geschmeidig oder merkt man schon eine Verhornung, die auf den ersten Blick noch nicht sichtbar ist? Dann muss man tätig werden.

1 *Die Liegebeulen sind sehr stark ausgeprägt.*
2 *Manche Hunde trinken sehr gerne aus dem Hahn oder auch aus dem Wasserschlauch. Vorteilhaft, wenn es ums Baden geht.*

2

Denn dies ist die Vorstufe von Liegeschwielen, die, wenn sie einmal vorhanden sind, kaum mehr weggehen. Sie sind nicht nur unschön anzusehen, im Extremfall hinterlassen sie auch blutige Spuren. Vorbeugen können Sie den Liegeschwielen, indem Sie Ihrer Dogge die Gelegenheit geben, immer auf einer weichen Unterlage zu liegen. Fühlen Sie im Ansatz eine Verhornung, reiben Sie die Ellenbogen mit einer entsprechenden Salbe ein, damit die Haut wieder geschmeidig wird und die Haare nicht mehr abbrechen.

Auch Welpen können schon Ansätze zu Liegeschwielen haben. Diese lassen sich besonders im Sommer nicht verhindern, wenn sich die Kleinen auf der Flucht vor der Hitze harte, kühlende Liegeplätze suchen. Aber das ist kein Problem; wenn die Ellenbogen entsprechend behandelt werden, sieht man später nichts mehr.

Tipp
Temperatur messen
Sind die Hunde von klein auf daran gewöhnt, sich überall anfassen zu lassen, lassen sie die Pflege sehr gerne über sich ergehen, da diese dann ohne jeden Zwang erfolgen kann. Obwohl nicht direkt als Pflege anzusehen, so gehört doch auch eine regelmäßige Temperaturmessung bei Ihrer Dogge zur Erkennung von Krankheiten. Ist der Hund an diese Prozedur gewöhnt, gibt es im Ernstfall keinerlei Probleme.

Baden

Je nachdem, wie die Dogge gehalten wird, sollte sie zumindest einmal jährlich gebadet werden. Dies geschieht, wenn man den Zeitpunkt frei wählen kann, sinnvollerweise im Sommer im Garten. Hat Ihr Hund keine Probleme mit einem Gartenschlauch, können Sie mit diesem im sanften Sprühmodus das Fell nässen, wobei das Wasser aufgrund des natürlichen Fettgehaltes ablaufen wird. Massieren Sie ein rückfettendes Hundeshampoo mit den Händen ein. Spülen Sie das Shampoo gründlich mit Wasser aus und rubbeln Sie Ihre Dogge anschließend kräftig mit einem Handtuch ab. Bringen Sie sie bis zum

endgültigen Trocknen an einen sicheren Ort, denn Ihre Dogge wird versuchen, sich die Restnässe aus dem Fell zu schütteln und sich auf dem Boden wälzen.

Sinnvoll ist es, den Hund bis zum Ohrenansatz zu „baden“. Augen, Ohren und Gebiss bekommen eine andere Behandlung.

Ohrenpflege

Da die Ohren dicht am Kopf anliegen, sieht man eine sich anbahnende Entzündung oder einen Fremdkörper, etwa eine Granne, die sich Ihr Hund bei einem Spaziergang eingefangen hat, nicht. Deshalb ist es wichtig, einmal wöchentlich den äußeren Gehörgang zu untersuchen. Wickeln Sie einfach ein Papiertaschentuch um Ihren Zeigefinger und reiben Sie den angesammelten Schmutz weg. Bei einer erwachsenen Dogge müssen Sie keine Angst haben, dass Sie Ihren Hund verletzen, auch wenn Sie, soweit es Ihnen möglich ist, mit dem Finger das Ohr säubern. Wattestäbchen dürfen auf keinen Fall verwendet werden. Damit könnten Sie Ihre Dogge verletzen.

Hat die Dogge eine Ohrenentzündung oder einen Fremdkörper im Ohr, zeigt sie Ihnen das durch Schütteln des Kopfes oder durch häufiges Kratzen an. Dann ist der

Diese Hündin lässt sich die Pflege gerne gefallen, weil sie frühzeitig daran gewöhnt wurde. Am liebsten lässt sie sich bürsten und drängt sich sogar vor, wenn andere Hunde an der Reihe sind.

Besuch des Tierarztes angesagt, der den Fremdkörper entfernt oder Ihnen eine Emulsion verschreibt, die die Entzündung beseitigt. Obwohl 1987 prognostiziert, als die Stehohren der Dogge durch das Kupierverbot zu Hängeohren wurden, treten Ohrentzündungen relativ selten auf.

Augenpflege

Bei manchen Doggen bedürfen die Augen einer besonderen Pflege. Notwendig wird diese bei Hunden, die in der Umgangssprache ein sehr „offenes Auge“ haben. Gemeint ist, dass das Unterlied herunterhängt und die Nickhaut stark sichtbar ist und somit das Auge sehr anfällig für Staub und Schmutz. Hier muss das Augensekret, das sich in den Augenwinkeln ansammelt, sorgfältig, am besten mit einem feuchten Tuch, entfernt werden, damit sich das Auge nicht entzündet. Bei chronischen Beschwerden ist ein Tierarzt aufzusuchen.

Gebisspflege

Genau wie andere Hunderassen auch, können erwachsene Doggen an einer Erkrankung des Zahnbetts leiden. Diese Parodontalerkrankung fällt vor allem durch einen unangenehmen Geruch oder massiven Zahnsteinansatz auf. Die Ursache ist eine Ablagerung auf der Zahnoberfläche am Übergang zum Zahnfleisch. Dieser Plaque setzt sich aus Futterresten und Speichelanteilen zusammen und ist dicht besiedelt mit Bakterien. Wird dieser Zahnbelag durch Zähneputzen nicht regelmäßig entfernt, entsteht ein brauner, übel riechender Zahnstein. Ergebnis ist eine Entzündung des Zahnfleisches, die noch vollständig abheilen kann, wenn der Zahnstein schnellstens entfernt wird. Geschieht dies nicht, entsteht die sogenannte Parodontitis. Die Folgen sind eine Bildung von Zahnfleischtaschen mit Eiterherden, Lockerung und Ausfallen der Zähne. Ganz besonders gefährlich sind ernsthafte Herz-Kreislauf-Erkrankungen sowie Nieren- und Leberschäden, die dadurch entstehen können, dass Keime in die Blutbahn gelangen.

Vorbeugende Maßnahmen sind deshalb Zähneputzen mit einer speziell für Hunde angebotenen Zahncreme, möglichst dreimal in der Woche. Auch hierbei ist es von Vorteil, wenn man seinen Hund rechtzeitig an diese Prozedur gewöhnt, nicht erst, wenn er Zahnschmerzen hat und diese mit dem Zähneputzen verbindet. Anstelle einer Zahnbürste wird auch ein Fingerüberzug aus Gummi im Handel angeboten, mit dem ebenfalls gute Erfahrungen gemacht wurden. Es muss auch nicht immer eine Zahncreme verwendet werden. Wenn der Belag sich noch nicht festgesetzt hat, genügt auch Putzen mit lauwarmem Wasser.

Schon bei geringer Zahnsteinbildung muss dieser von einem Tierarzt mittels Ultraschall beseitigt werden. Diese Behandlung ist zwar schmerzfrei, aber da Hunde sich die Reinigung nicht gefallen lassen, müssen sie dafür in Narkose gelegt werden. Viel besser ist hier eine Vorbeugung, zu der auch entsprechendes Futter beitragen kann. Zuckerhaltige Leckerli sind allerdings zu vermeiden. Alles was den Zahnabrieb unterstützt, ist förderlich.

Tipp

Kauartikel zur Zahnreinigung

Im Handel sind auch Kausnacks erhältlich, die zahnreinigende Enzyme enthalten. Kauknochen aus Rinderhaut oder anderen tierischen Produkten sind zur Zahnprophylaxe ebenfalls geeignet. Auch Kauwurzeln oder Geweihstangen wirken vorbeugend und dienen der Beschäftigung.

Zahnentwicklung

Die Welpen werden zahnlos geboren. Das Milchgebiss entwickelt sich etwa ab der 3. Lebenswoche und fängt mit dem Durchbruch der Schneidezähne an. Erstmals durchgezahnt hat der Welpe mit ca. 6 Wochen, dann hat er 28 Zähne. Danach erfolgt der Zahnwechsel zum endgültigen Gebiss; abgeschlossen ist dieser, wenn der Hund ca. 5 bis 6 Monate alt ist. Gefordert ist bei der Deutschen Dogge ein Scherengebiss mit 42 Zähnen. Die 6 Schneidezähne des Unterkiefers stehen dabei hinter denen des Oberkiefers. Diese korrekte Kieferstellung zeigen bereits die Welpen im Milchgebiss. Eine Garantie, dass sich dies im Laufe des Wachstums nicht mehr verändert, ist dies leider nicht.

Intensives Abnagen von Knochen mit den Schneidezähnen sollte in der Wachstumsphase unterbunden werden, da die noch nicht festsitzenden Zähne ihre Stellung verändern könnten.

Fehlentwicklungen

Es kommt immer mal vor, dass Ober- und Unterkiefer nicht gleichmäßig wachsen. Dadurch kann ein Rückbiss entstehen. Dabei sind die Schneidezähne des Oberkiefers so weit von den Schneidezähnen des Unterkiefers entfernt, dass die Scherenfunktion nicht mehr gegeben ist. Einhergehend mit dieser Gebissform, wenn diese stark ausgeprägt ist, kann ein Eng- oder auch Steilstand der Eckzähne sein, der dem Hund Schmerzen bereitet. Dies heißt, dass die unteren Eckzähne (Canini) nicht vor den Eckzähnen des Oberkiefers stehen und sich infolge eines zu engen oder zu steilen Standes in den Oberkiefer bohren. Durch die Kraft der spitzen Zähne kann sogar der Gaumenknochen geschädigt werden. Diese Fehlstellung kann sehr schmerzhaft werden und sollte so früh wie möglich durch einen Tierarzt korrigiert werden.

1

Die andere Fehlbildung wäre der Vorbiss. Hier stehen die unteren Schneidezähne vor den oberen. Bei manchen Hunderassen ist dies gefordert, nicht so bei der Deutschen Dogge. Darüber hinaus gibt es noch den sogenannten Zangenbiss. Hier stoßen die Schneidezähne wie bei einer Zange aufeinander. Der Zangenbiss kann auch nur partiell sein, das heißt, dass es nur einige Schneidezähne betrifft. Der Nachteil ist, dass die Zähne sich natürlich sehr schnell abnützen und gelegentlich auch ausfallen.

Richtige Probleme bereitet aber der Dogge nur der Canini-Engstand. Alle anderen Gebissfehlstellungen wirken sich nur in der Zucht und auf Ausstellungen aus.

Pfoten- und Krallenpflege

Die Häufigkeit dieser Pflegemaßnahmen hängt hauptsächlich davon ab, auf welchem Boden ein Hund sich bewegt. Läuft er überwiegend auf weichem Boden, müssen die Krallen häufiger geschnitten werden, da sie sich kaum abnützen. Man verwendet dazu eine spezielle Krallenzange, die im Handel erhältlich ist. Hat der Welpe das Krallenschneiden oder -feilen bereits kennengelernt, wird es keine Probleme geben, da er an die Prozedur gewöhnt ist. Denn an den Vorderpfoten sollten die Krallen bereits im Alter von zehn Tagen gekürzt werden, da sie sonst durch Ihren Milchtritt das Gesäuge der Mutter sehr strapazieren.

2

1 *Wenige Monate nach ihrem Wurf hat sich das Gesäuge der Hündin durch intensive Pflege schon fast gänzlich zurückgebildet.*
2 *Ein ungleiches Paar, das sich richtig gut versteht.*

Sofern das Krallenschneiden erstmals bei einer ausgewachsenen Dogge ansteht, kann dies ein etwas größerer Akt sein. Am besten man tastet sich Stück für Stück heran, wie weit man schneiden darf. An der Unterseite der Nägel kann man erkennen, wo die Blutgefäße beginnen, die nicht verletzt werden dürfen. Es sollten spätestens dann die Krallen geschnitten werden, wenn sie im Stand den Boden berühren. Auch die Daumenkrallen an den Vorderläufen darf man nicht vergessen. Sollten die Krallen splittern, muss mit einer Feile oder Zange nachgearbeitet werden. Entzündungen können die Folgen sein, die wiederum zu Ballenabszessen oder sogar zu krankhaften Veränderungen der Gelenke führen können. Traut man sich die Krallenpflege nicht zu, hilft der Tierarzt.

Auch die Zehenzwischenräume sollten beobachtet werden. Diese können sich im Winter durch Streusalz und im Sommer durch Kunstdünger entzünden. Sollte man dies nicht bemerken, so zeigt es der Hund durch Lecken an den entzündeten Stellen an. Waschen Sie dann die Pfoten mit lauwarmem Wasser ab und tragen Sie eine pflegende Salbe auf. Achten Sie darauf, dass Ihre Dogge die Salbe nicht vorzeitig abschleckt.

Gesundheitsvorsorge

Parasiten vorbeugen

Im Gegensatz zu Endoparasiten, die im Körperinneren leben, tummeln sich Ektoparasiten wie Zecken oder Flöhe auf der Haut des Hundes. Beide können – vor allem bei massivem Befall – die Gesundheit der Dogge erheblich beeinträchtigen. Angemessene Vorbeugung ist deshalb geboten.

Ektoparasiten

Dies sind schmarotzende Gliedertiere, die auf der Haut des Wirtes leben, Hautgewebe fressen und Blut saugen und unseren Hund belästigen oder ihm schaden.

Flöhe

Flöhe haben ganzjährig Saison. Hunde, die im Haus leben, können durch den Flohnachwuchs, der sich in der warmen Umgebung unabhängig von der Jahreszeit entwickelt, immer wieder befallen werden. Flohbisse können das Wohlbefinden eines Hundes durch den Juckreiz durchaus beeinträchtigen. Hunde, die auf bestimmte Inhaltsstoffe im Flohspeichel allergisch reagieren, leiden dabei besonders stark. Es gibt eine ganze Reihe von Flöhen, wobei die meisten 2 bis 3 mm lang, rot oder braun sind. Die erwachsenen Flöhe durchbohren die Haut und saugen Blut. Die Larven hingegen ernähren sich von organischen Stoffen in Teppichen und Betten. Der Hundefloh kann 15 cm weit springen und bewegt sich so von Wirt zu Wirt und beißt manchmal auch Menschen.

Flohbisse erkennen: Bisse erkennt man an einem winzigen, roten Punkt auf der Haut, umgeben von einer geröteten Fläche. Winzige, schwarze Krümel deuten auf Flohkot hin und somit auch auf einen Befall mit Flöhen.

Sie erkennen diese, indem Sie speziell im Halsbereich mit der Hand oder der Bürste gegen die Fellrichtung streichen. Außerdem kratzt sich fast jeder Hund, wenn er Flöhe hat, und versucht, diese in seinem Fell zu beißen.

Flohmittel: Natürliche Flohmittel wie Knoblauch oder ätherische Öle wie Teebaum, Lavendel oder Zitrus reichen in den meisten Fällen nicht aus. Bei stärkerem Flohbefall müssen unbedingt alle Teppiche Decken, Betten und sonstige Unterlagen, auf denen der Hund liegt, gründlich gereinigt werden. Wenn möglich, sollten die Decken bei mindestens 60 °C gewaschen werden. Wirksame und verträgliche Präparate bekommt man beim Tierarzt. Selbst durch beste Vorsorge kann ein Flohbefall nicht vollständig vermieden werden. Es hat also nichts mit mangelnder Hygiene im Haushalt zu tun.

Übertragung: Die Übertragung erfolgt meistens nicht direkt von Wirt zu Wirt, eher indirekt über den Flohnachwuchs. Die Eier, die die Flohweibchen in das Fell des Wirtes legen, fallen zu Boden. Dort entwickeln sich Flohpuppen bzw. Jungflöhe, die so lange warten, bis ein Wirt vorbeikommt. Neben den Hundeflöhen gibt es auch Katzenflöhe. Diese sind weit verbreitet und tatsächlich häufiger bei Hunden anzutreffen.

Zecken

Hochsaison haben die kleinen Blutsauger von März bis Ende Oktober, mittlerweile kommen sie jedoch fast ganzjährig vor. Aktuelle Studien weisen darauf hin, dass Zecken, die Krankheitserreger in sich haben, Kälte und Hitze besser überleben. Ebenso gibt es Hinweise, dass Zecken sehr viel häufiger in Gebieten vorkommen, in denen es vermehrt Rehwild gibt. Zecken saugen Blut, nur dann können sie Eier legen und sich vermehren. Bei jeder Blutmahlzeit gelangt der Speichel dieser Spinnentiere in die Stichwunde. Sind Krankheitserreger enthalten, können mit einem Stich zum Teil lebensgefährliche Krankheiten wie Anaplasmose, Babesiose, Borreliose, Ehrlichiose oder in seltenen Fällen die Frühsommer-Meningoenzephalitis (FSME) auf Hunde übertragen werden.

Nach dem Spiel im hohen Gras müssen die Hunde gründlich auf Zecken untersucht werden, auch wenn entsprechende Präparate verwendet wurden. Denn die Wirkung lässt nach einiger Zeit nach. Bei den gelben Doggen sieht man Zecken sofort.

Gegen Borreliose werden für Hunde verschiedene Impfstoffe angeboten, die allerdings nur gegen drei Borreliosearten schützen. Gegen die anderen von Zecken übertragenen Krankheiten gibt es keine Impfung. Deshalb sind vorbeugende Maßnahmen notwendig.

Vorbeugende Maßnahmen: Dazu gehören schnelles Entfernen der Zecken und die Verwendung von Parasiten-abtötenden Präparaten. Die Übertragungszeit kann bereits nach sechs Stunden beginnen, in Ausnahmefällen jedoch sofort. Sie sollten deshalb nach jedem Spaziergang den Hund nach Zecken absuchen. Bevorzugte Stellen sind die gefäßreichen, dünnhäutigen Stellen an Kopf, Hals, Schultern, Achseln und die Bauchseite nahe der Innenseiten der Hinterläufe. Mit einer Zeckenzange oder -karte lassen sich die Zecken fassen und unter sanftem Zug aus der Haut ziehen. Die Zecke dabei möglichst nicht quetschen. Keinesfalls sollten sie vorher mit Öl oder sonstigen Flüssigkeiten beträufelt werden. Denn gerade im Todeskampf bringen Zecken ihren möglicherweise infektiösen Speichel in die Wunde ein.

Zeckenmittel: Um unsere Hunde vor Zecken zu schützen, gibt es Spot-on-Präparate, Sprays oder antiparasitäre Halsbänder. Diese vorbeugenden Maßnahmen müssen je nach Vorgaben des Herstellers in Abständen wiederholt werden. Der als Hausmittel geltende Einsatz von Knoblauch als vorbeugende Maßnahme ist in seiner Wirksamkeit nicht belegt. Es ist auch nicht ratsam, diesen in größeren Mengen einzusetzen, da er als Zwiebelgewächs giftig ist.

Endoparasiten

Zu den häufigsten Wurmarten beim Hund zählen Spulwürmer, aber auch Haken-, Peitschen-, Lungen- und Bandwürmer kommen vor. Diese werden durch Schnuppern oder beim Fressen als Wurmeier oder Wurmlarven aufgenommen. Da Welpen und Junghunde davon besonders betroffen sind, sollten Sie gezielt beim Züchter nachfragen, ob die Welpen auch von Beginn an und ohne Unterbrechung entwurmt wurden.

Würmer leben im Darm und entziehen ihm wichtige Nährstoffe. Bei starkem Hakenwurmbefall entwickelt sich eine massive Anämie, die zum frühzeitigen Tod des Tieres führen kann. Da die Eier erwachsener Tiere in den Darm abgegeben werden und mit dem Kot ins Freie gelangen, stecken die Hunde sich immer wieder neu an, wenn sie an Kothaufen schnuppern.

Mit dem Fuchsbandwurm stecken sich Hunde an, indem sie wilde Nagetiere fressen, die Bandwurmstadien in sich tragen. Der Hundebandwurm kann übertragen werden, wenn Hunde mit nicht ausreichend erhitztem bzw. gefrorenem Fleisch (Leber, Lunge) gefüttert werden.

Wurmkuren: Entwurmen ist wichtig und nötig, aber nur, wenn nachgewiesenermaßen ein Wurmbefall vorliegt. Ob Ihr Hund Würmer hat und Sie etwas dagegen tun müssen, kann am sichersten der Tierarzt anhand

Stehohren gegen Hängeohren: Der höchst aufmerksame ausgewachsene Ratonero Bodeguero Andaluz hilft bei der Erziehung des Doggenbabys mit. Positiv wie negativ.

einer Kotprobe feststellen, die Sie über drei Tage gesammelt haben. Er berät Sie auch, welches Präparat für eine ggf. nötige Wurmkur geeignet ist.

Sollten Sie mehrere Hunde haben, so bringt eine Wurmkur nur dann den erhofften Erfolg, wenn alle im Haushalt lebenden Hunde und Katzen entwurmt werden. Denken Sie daran, dass Ihr Hund nicht gleichzeitig mit einer Impfung entwurmt wird. Die Wurmkur sollte ca. 10 Tage vor der Impfung erfolgen.

Nach Berechnungen der ständigen Impfkommission sind in Deutschland nur 50 % der Hunde geimpft. Die herausgegebenen Leitlinien stellen ein Empfehlung an die Tierärzte dar.

Infektionen vorbeugen

Achten Sie darauf, dass die Grundimmunisierung Ihres Welpen ordnungsgemäß durchgeführt wurde, und halten Sie die Termine für Auffrischungsimpfungen genau ein. Trotzdem ist Ihr Hund gegen die hauptsächlich in den südlichen Ländern vorkommenden Krankheitserreger, die z. B. durch Stechmücken übertragen werden, nicht gewappnet. Auch bei einem kurzen Spanien- oder Italienaufenthalt kann sich Ihre Dogge mit den dort heimischen Erregern der gefürchteten Herzwurmerkrankung (Dirofilaria immitis) infizieren und lebensgefährlich erkranken. Herzwürmer sind 1 mm dick und 20 bis 30 cm lang. Bitte bedenken Sie dies bei der Planung Ihrer Urlaubsreise und besprechen Sie mit Ihrem Tierarzt eine mögliche Prophylaxe.

Impfschema zur Grundimmunisierung	
8. Lebenswoche	Staupe, Hepatitis contagiosa canis, Parvovirose, Leptospirose
12. Lebenswoche	Tollwut, Staupe, Hepatitis contagiosa canis, Parvovirose, Leptospirose
15. Lebensmonat	Tollwut, Staupe, Hepatitis contagiosa canis, Parvovirose, Leptospirose

Impfungen

Impfungen sind nach wie vor der beste Schutz vor schweren oder sogar tödlichen Infektionskrankheiten. Die Ständige Impfkommission im Bundesverband Praktizierender Tierärzte unterscheidet Core- von Non-Core-Impfungen. Als Core-Impfungen werden jene unverzichtbaren Impfungen bezeichnet, mit denen jeder Hund zu jeder Zeit geschützt sein sollte. Dazu gehören Staupe, Parvovirose, Tollwut, Leptospirose und Hepatitis. Non-Core-Impfungen benötigt nicht jeder Hund, in bestimmten Situationen sind sie jedoch zu empfehlen. Zum Beispiel sollte jeder Welpe, der eine Welpenspielstunde besucht, gegen Zwingerhusten geimpft sein. In Borreliose-Gebieten kann bei Hunden, die sich viel in typischen Zeckenlebensräumen aufhalten, eine Impfung gegen Borreliose zusätzlich zum sorgfältigen Zeckenschutz erwogen werden. Ein weiteres Beispiel stellt die Impfung von Zuchthündinnen gegen das Herpesvirus dar, welches das infektiöse Welpensterben verursacht.

Da nicht geimpfte Hunde ein 1.000- bis 10.000-Mal höheres Risiko haben, an einer schweren oder sogar tödlichen Infektionskrankheit zu erkranken, stellt sich die Frage des Nicht-Impfens sicher nicht. Allerdings muss man wissen, dass während einer infektiösen Erkrankung der Hund nicht geimpft werden soll. Daher ist ein Gesundheitscheck vor einer Impfung so wichtig.

Wiederholungsimpfungen

Es wird empfohlen, die Impfung aus der 12. Woche in der 16. Woche zu wiederholen (siehe Impfschema), da laut einer Untersuchung von Prof. Truyen 20% der Welpen sonst nicht ausreichend gegen Parvovirose und 33% nicht genügend gegen Staupe geschützt sind.

Wiederholungsimpfungen können in Intervallen zwischen ein und drei Jahren stattfinden, je nach Impfstoff.

Internationaler Heimtierausweis

Eingetragen werden alle Impfungen in einen Internationalen Heimtierausweis. Bei Welpen aus kontrollierten Zuchten muss dieser Ausweis an den Käufer übergeben werden. Liegt dieser nicht vor, wird dies im Wurfabnahmeprotokoll erwähnt und die Welpen erhalten keine Ahnentafel.

Mögliche Erkrankungen

Trotz bester Pflege ist Ihre Dogge vor Krankheiten nicht gefeit, vor allem, wenn Ihr Hund das genetische Potenzial dafür bereits in sich trägt. Grundsätzlich ist die Dogge nicht krankheitsanfälliger als andere Hunderassen. Es gilt aber auch, dass es einige Krankheiten gibt, die gehäuft auftreten.

Hüftgelenksdysplasie

Bei einer Hüftgelenksdysplasie (HD), der am häufigsten auftretenden erblich bedingten Gelenkserkrankung des Hundes, liegen krankhafte Veränderungen der Knochen des Hüftgelenkes vor. Betroffen sind die Hüftgelenkspfanne und der Gelenkkopf des Oberschenkels. Bei Hunden, die dieses Krankheitsbild zeigen, fügt sich der Gelenkkopf nicht mehr genau in die Hüftgelenkspfanne ein. Beide können mehr oder weniger stark deformiert sein. Die schlimmste Form ist das völlige Ausgleiten des Gelenkkopfes aus der Pfanne. Die Deformation muss nicht beidseitig auftreten, auch nicht in gleicher Intensität. Deshalb erfolgt eine Klassifizierung in A = keine HD, B = Verdacht auf HD, C = leichte HD, D = mittlere HD und E = schwere HD.

Je nach Ausprägung der Krankheit, die polygenetischen Ursprungs ist, haben auch Umweltfaktoren einen Einfluss. Polygenetisch heißt, dass mehrere defekte Gene an der Entstehung der Erkrankung beteiligt sind. An den Oberflächen werden die Knochen mehr oder weniger stark abgenutzt. Bei den leichteren Ausprägungen kann der Hund dies durch verstärkte Muskelbildung kompensieren. Mit Hunden der Klassifizierung D und E darf jedoch niemals gezüchtet werden,

Die Dogge am Fahrrad zu führen ist eine ausgezeichnete Gelegenheit, sie kontrolliert zu bewegen. Ab dem neunten Monat kann man, langsam am Hund orientiert, mit Kurzstrecken über wenige hundert Meter beginnen.

Nicht ideal, aber sehr schön gleichmäßig gefleckt mit fast durchgefärbter Nase ist dieser Welpe.

da Schmerz und Leid bei den Nachkommen vorprogrammiert sind. Mit Hunden, die eine leichte HD haben, sollte dies nur unter bestimmten Voraussetzungen geschehen.

In den Rassehundezuchtvereinen ist deshalb als Zuchtvoraussetzung eine Röntgenuntersuchung vorgeschrieben. Diese darf bei den Deutschen Doggen nicht vor dem 15. Lebensmonat gemacht werden, da sie sonst nicht aussagefähig genug ist. Diese Untersuchung muss unter Narkose erfolgen. Der Tierarzt beurteilt das Aussehen von Oberschenkelkopf und Hüftpfanne und deren Passform zueinander.

Aufgrund dieser Auflagen tritt die Erkrankung bei den überwachten Zuchten nur noch zu einem geringen Prozentsatz auf. Nicht einmal 5 % aller untersuchten Hunde hatten eine mittlere bzw. schwere HD. Leider kann auf der Röntgenaufnahme nicht unterschieden werden, in welchem Ausmaß die Erkrankung erblich bedingt oder durch

Umweltfaktoren beeinflusst wurde. An der Universität von Pennsylvania wurde ein Verfahren entwickelt, das in erster Linie die Lockerheit des Hüftgelenks erfasst. Diese ist im Wesentlichen erblich bedingt. Die Universität in München hat eine Studie durchgeführt, die diese Methode auf ihre Objektivität und Zuverlässigkeit prüft. Bewährt sich dieser neue Test, so stünde der Hundezucht ein neues, wichtiges Werkzeug zur Eindämmung der HD zur Verfügung.

Grundsätzlich ist festzustellen, dass zu schnelles Wachstum, zu großes Körpergewicht und zu starke Belastung durch zu viel Bewegung innerhalb des ersten Lebensjahres zu den negativen Umwelteinflüssen gehören. Die Hüftgelenksdysplasie ist eine Krankheit, die es weiter zu beobachten gilt. Sie bereitet dem Hund Schmerzen, schränkt seine Bewegungsfreiheit ein, ist jedoch nicht lebensbedrohend. Der Einsatz eines künstlichen Hüftgelenkes ist bei Hunden heute auch kein Problem.

Magen-Darm-Gesundheit

Als fürsorglicher Doggenbesitzer sollten Sie wissen, wie häufig Ihr Hund Urin ablässt und wie oft er seinen Kot absetzt. Abweichungen davon sind erste Indikatoren, dass Ihr Hund ein Magen-Darm-Problem hat. Großvolumige oder übel riechende Kotausscheidungen können Anzeichen schlechter Verdaulichkeit der Nahrung sein. Auch die Konsistenz und Farbe ist wichtig: Der Kot sollte nicht breiig oder gelb sein. Ist dies über einen Zeitraum von mehreren Tagen der Fall, sollten Sie einen Tierarzt konsul-

Seien Sie vorsichtig, wenn Gewässer stark verschmutzt sind. Nicht nur die Hautgesundheit Ihrer Dogge könnte darunter leiden. Auch Erkrankungen wie z. B. Durchfall sind möglich.

tieren. Große Mengen Urin sind nicht selten ein Hinweis auf eine sich anbahnende Diabetes oder eine Gebärmuttervereiterung bei Hündinnen.

Durchfall

Die Ursache für Durchfall kann sehr vielfältig sein. Möglicherweise liegt eine Erkrankung des Darms vor. Er kann aber auch die Begleiterscheinung einer anderen Erkrankung sein. Bei manchen Hunden sind es auch psychische Probleme, die Durchfall auslösen, wie z. B. sehr aufregendes Spielen mit Artgenossen oder die Konfrontation mit nicht gewohnten, starken Umweltreizen. Auch das leider nicht zu vermeidende Schneefressen kann Durchfall auslösen. Wichtig ist deshalb, zu wissen, wie der Kot aussieht: Ist er dunkel gefärbt oder hell, breiig oder wässrig, und ist eventuell Blut mit dabei?

Ist das Allgemeinbefinden sonst ungestört, sollte der Hund die nächsten 24 Stunden kein Futter bekommen. Außer Wasser, das ist sehr wichtig wegen des Flüssigkeitsverlustes, gibt es nichts. Keine Angst, Ihr Hund hält es, ohne gesundheitliche Schäden davonzutragen, mehrere Tage ohne Futter aus. Ohne Wasser allerdings nicht. Danach fangen Sie mit kleinen Mahlzeiten wieder an. Am besten eignen sich Haferflocken oder Reis, die/der mit leicht verdaulichem Fleisch (z. B. Hühnchen, Pute) gekocht gegeben werden. Auch Hüttenkäse wird sehr gerne genommen. Ist der Kot wieder in Ordnung, gibt es wieder normales Futter.

Tipp

Sofort zum Tierarzt

Bei starkem Durchfall, auch mit Erbrechen, oder blutigem Durchfall sollten Sie sofort einen Tierarzt aufsuchen und nicht selbst therapieren. Es könnte eine Magenschleimhautentzündung oder eine Erkrankung der Bauchspeicheldrüse vorliegen. Nehmen Sie eine Stuhlprobe mit. Diese wird dem Tierarzt seine Diagnose erleichtern.

Eine typische Doggenstellung: Ob zu Hause auf dem Hundebett oder im Gras – Doggen liegen gerne auf den Rücken. Dieser Rüde hatte Glück und hat eine Magendrehung überstanden.

Schlittenfahren

Sollte Ihre Dogge nach starkem Durchfall Schlittenfahren, also mit dem Hinterteil am Boden vorwärtsrutschen, so kann es sich um eine Entzündung der Analdrüsen handeln. Diese produzieren ein bräunliches, schmieriges und übel riechendes Sekret. Diese Analbeutel liegen links und rechts nahe dem After. Sie entleeren sich, ohne dass man dies bemerkt, wenn der Hund einen normalen festen Stuhlgang hat. Bei Durchfall oder stets sehr weichem Kot geschieht dies nicht. Dann müssen diese Drüsen ausgedrückt werden. Ihr Tierarzt wird Ihnen zeigen, wie das funktioniert. Sind die Drüsen entzündet, wird zusätzlich ein Antibiotikum verschrieben und eine Emulsion zu äußerlichen Anwendung für einige Tage.

Das Sekret riechen Sie auch, wenn Ihre Dogge plötzlich erschrickt oder sehr aufgeregt ist, da dann häufig die Analdrüse entleert wird.

Erbrechen

Gelegentliches Erbrechen ist harmlos und kommt immer wieder vor. Für den Hund ist dies, anders als bei uns Menschen, kein Problem. In den meisten Fällen fangen die Hunde sofort wieder an, das Erbrochene zu fressen. Dies ist nicht sehr appetitlich, den Hund stört das aber nicht.

Können Sie in dem Erbrochenen aber z. B. Knochenteile oder andere Dinge erkennen, die nicht in einen Hundemagen gehören, so lassen Sie dies natürlich nicht zu. Oft sind diese Fremdkörper in Gräser eingewickelt, die Ihr Hund gefressen hat und die ihm das Erbrechen dieser unverdaulichen Gegenstände erleichtern sollen. Manche Hunde fressen allerdings bei jeder sich bietenden Gelegenheit bestimmte Gräser, die nicht dazu dienen, dass der Magen entleert wird.

Ist im Erbrochenen normaler weißer Schleim enthalten und hält das Erbrechen nicht mehrere Tage an, so ist das kein Problem. Erbricht Ihr Hund jedoch gelblichen Schleim, auch ohne Nahrungsreste, so sollten Sie unbedingt einen Tierarzt aufsuchen, da dann ernsthafte Erkrankungen, z. B. der Bauchspeicheldrüse oder der Nieren, oder eine Vergiftung dahinterstecken könnten.

Magendrehung

Von dieser lebensbedrohenden Erkrankung sind neben unseren Deutschen Doggen auch noch andere Hunderassen betroffen. Die

Magendrehung tritt völlig überraschend bei vollkommen gesunden Hunden auf. Hierbei dreht sich der Magen von links nach rechts um 90° bis 180°, im Extremfall um 360° um seine Längsachse. Mageneingang und Magenausgang sowie alle zu- und abführenden Blutgefäße des Magens werden bei diesem Vorgang abgeklemmt. Damit sind deren Versorgung und Funktionen unterbrochen. Durch den Ausfall der Magensekretion kommt es zu einer raschen Vermehrung der im Nahrungsbrei enthaltenen Bakterien. Der Mageninhalt vergärt unter starker Gasentwicklung.

War man ursprünglich der Meinung, dass die Magendrehung nur bei vollem Magen auftritt, so weiß man jetzt, dass dies auch bei leerem Magen geschehen kann. Auch die Regel, dass der Hund nach der Fütterung möglichst ruhen soll, schließt eine Magendrehung nicht aus. Sie kann auch schon 15 bis 20 Minuten nach der Futteraufnahme auftreten. Die Anzeichen hierfür sind nicht zu übersehen, sofern sich der Hund nicht einsam in einem Zwinger befindet: Er wird unruhig. Legt sich hin, steht wieder auf. Versucht zu erbrechen. Außer etwas Schleim kann er jedoch nichts hervorwürgen. Die Körperhaltung wird steif, der Kopf gesenkt. Ist der Hund im Garten, so versucht er, sich unter Büschen zu verkriechen. Bemerkt man diese Anzeichen, gilt es sofort zu handeln. Nimmt Ihr Hund mit solchen Symptomen kein Leckerli und auch kein Wasser, so ist dies ein weiterer Grund, sofort einen Tierarzt aufzusuchen.

Es ist höchste Eile geboten. Rufen Sie vorher Ihren Tierarzt an und teilen Sie ihm Ihre Vermutung einer Magendrehung mit. Er wird bereits Vorkehrungen getroffen haben,

Gerade fünf Jahre alt, aber schon eine angegraute, ehemals schwarze Maske. Dies hat jedoch nichts mit der Vitalität des Hundes zu tun, wie das Foto seiner Mutter auf Seite 79 beweist.

wenn Sie mit Ihrem Hund dort ankommen. Er weiß, dass es sich dabei um einen absoluten Notfall handelt. Auf dem Röntgenbild ist das Ausmaß der Drehung und der Zustand weiterer Organe genau zu erkennen. In den meisten Fällen kann der Hund mit einer sofortigen Operation gerettet werden. Aber natürlich nur dann, wenn zwischen dem Auftreten der Symptome und der Operation nicht zu viel Zeit verstrichen ist. Ein bis zwei Stunden stellen für den gesunden Hund meist kein Problem dar.

In vielen Fällen geht mit der Magendrehung auch eine Milzdrehung einher. Diese ist mit dem Magen über Bänder verbunden. Hat sie sich um mehr als 270 ° gedreht, werden die zuführenden und abführenden Blutgefäße abgeschnürt. Sie muss dann operativ entfernt werden. Hunde kommen auch ohne Milz gut zurecht. Sie haben allerdings keinen Blutspeicher mehr. Außerdem sind sie anfälliger für Infektionen. Manche Ärzte versuchen vor einer Operation, den Prozess der Magendrehung in seinem Anfangsstadium zu stoppen, indem sie eine Magensonde in Form eines dünnen Plastikschlauches durch die Speiseröhre einführen. Gelingt dies, wird der Magen entgast und dreht sich unter Umständen in seine ursprüngliche Lage zurück. Erfolgt eine Operation, bei der der Magen

Noch vor einigen Jahren konnten Deutsche Doggen nicht groß und schwer genug sein. Dies hat sich erfreulicherweise zugunsten der Gesundheit verändert.

geöffnet und entleert wird, so fixieren die Ärzte den Magen. Er wird angenäht oder angeklebt. Eine erneute Drehung kann dadurch nicht vollständig, aber mit hoher Wahrscheinlichkeit verhindert werden.

Vorbeugen

Wie bereits erwähnt, niemals die Dogge nur einmal täglich füttern! Die Futterration sollte auf mehrere kleine Portionen, zwei oder noch besser drei, aufgeteilt werden. Es ist auch vorteilhaft, wenn möglichst zu gleichen Zeiten gefüttert wird, da der Magen sich darauf einstellt und entsprechend Säure produziert. Obwohl, wie erwähnt, eine Magendrehung auch bei leerem Magen auftreten kann, sollte der Hund nach dem Fressen nicht zu sehr herumtollen.

Ganz vermeiden lässt sich eine Magendrehung sicher nicht. Die Folgen schon, wenn man das Verhalten seines Hundes beobachtet und die Symptome rechtzeitig erkennt. Es gibt bei der Dogge auch kurzzeitige Aufgasungen des Magens, die von selbst wieder verschwinden. Verlassen sollte man sich darauf aber nicht. Rechtzeitiges Erkennen und Handeln ist angesagt, um Schlimmes zu verhindern.

Osteosarkom

Das Osteosarkom ist der häufigste bösartige Knochentumor des Hundes. Er kann alle großwüchsigen Hunde, also auch unsere Dogge, befallen. Eine Heilung ist nicht möglich. Die Tumore entwickeln sich hauptsächlich an den langen Röhrenknochen, meistens im Vorderfußwurzelgelenk, im Schultergelenk oder am Oberschenkelknochen in der Verbindung zum Kniegelenk. Risikofaktoren sind neben der Größe der Hunde auch forciertes Wachstum sowie minimale Verletzungen, die einfach nicht bemerkt werden. Auch eine genetische Veranlagung wird von einigen Wissenschaftlern gesehen, jedoch nicht von allen bestätigt.

Erste Anzeichen kommen meist ganz plötzlich. Unser Hund läuft völlig normal auf einer Wiese oder im Wald und kommt humpelnd zurück. Sie bemerken eine Schwellung, die auch bei Druck schmerzhaft sein kann.

Doch Vorsicht, nicht jede Schwellung ist in Verbindung mit einem Osteosarkom zu sehen. Es kann auch eine Knochenhaut entzündung sein. Nur eine Röntgenuntersuchung, ein CT, ein MRT oder eine Biopsie geben Aufschluss über die Art der Erkrankung. Ist es ein Tumor, so können vom ersten Anzeichen an sechs Wochen oder auch sechs Monate vergehen. Ist die Diagnose eindeutig, steht eine sehr schwere Entscheidung an. Amputation in Verbindung mit einer Chemotherapie, oder die Gabe von Schmerzmitteln, um den Hund möglichst lange schmerzfrei zu halten. Eine Amputation kann eine Überlebenszeit von bis zu einem Jahr möglich machen. Ob dies bei einem so großen, schweren Hund eine Option ist, ob der Hund dadurch eine ausreichende Lebensqualität erhält, muss jeder für sich selbst entscheiden. Bei allem Schmerz, den man bei so einer Diagnose empfindet – es muss eine Entscheidung für den Hund sein, nicht für den Besitzer.

Herzerkrankungen

Herzerkrankungen sind nach den Krebserkrankungen die zweithäufigste Todesursache beim Hund. Das bedeutet nicht, dass unsere Hunde immer kränker werden. Durch die ständig besser werdende Diagnostik und Einführung neuer Untersuchungsmethoden wurde das Wissen um Erkennung und Behandlung von Erkrankungen immer erfolgreicher. Die sogenannten erworbenen Krankheiten treten erst später im Leben eines Hundes auf. Nicht selten erst im 4. oder 5. Lebensjahr. Sie sind häufig erblich bedingt und dadurch auch rasseabhängig. Leider sind die relevanten Genorte oder Erbgänge noch nicht bekannt.

Die Dilatative Kardiomyopathie (DCM) kommt bei vielen großen Rassen vor. Im Verlaufe der Krankheit kommt es zu einer schleichenden Dilatation (Aufweitung) der Herzkammern und zu einem Verlust der Kontraktilität. Eine weitere Variante ist, dass zusätzlich Fettzellen zwischen auseinanderrutschenden Muskelfasern eingelagert werden. Hunde mit dieser Art der Erkrankung neigen zu ausgeprägten Herzrhythmusstörungen in Form von ventrikulären Extrasystolen. Symptome der DCM sind Husten, Leistungsabfall, deutlich nachlassende Spielfreude, beschleunigte Herzfrequenz und Herzrhythmusstörungen. Die Diagnose geschieht durch eine Herzultraschalluntersuchung und bei Bedarf durch ein 24-Stunden-EKG.

Um festzustellen, in welchem Maße die Krankheit in einer Rasse manifestiert ist, sind Erhebungen über einen größeren Zeitraum notwendig. Seit 1. Januar 2014 müssen deshalb alle Zuchthunde, deren Welpen in das Zuchtbuch des Deutschen Doggen Clubs eingetragen werden, solch eine Untersuchung nachweisen. Diese ist nicht einmalig, sondern muss in vorgegebenen Abständen wiederholt werden.

Wird bei einer Dogge eine DCM-Erkrankung rechtzeitig festgestellt, so kann diese medikamentös behandelt werden.

Die Augen vor rassespezifischen Krankheiten zu verschließen, wäre falsch. Ebenso falsch ist jedoch die Aussage, Mischlingshunde seien gesünder.

AUSBILDUNG UND BESCHÄFTIGUNG

Erziehung ist wichtig

Jeder Besitzer einer Dogge wünscht sich einen gut sozialisierten, verträglichen und leichtführigen Hund, der gelassen alle Situationen des täglichen Lebens meistert und der stolz neben Frauchen und Herrchen läuft.

Erziehung und Ausbildung

Nicht jeder bemüht sich darum, dieses Ziel zu erreichen. Vielleicht wird die Dogge auch nur halbherzig erzogen, da der Hundehalter der Meinung ist, dass Doggen mit ihren typischen Rasseeigenschaften schon so geboren werden. Diese Einschätzung beruht zumeist auf persönlichen Erlebnissen mit besonders friedfertigen Exemplaren dieser Rasse. Die gibt es zweifelsohne, einen Garantieschein dafür aber nicht.

Auch eine Deutsche Dogge muss erzogen und zu einem gut sozialisierten Begleithund ausgebildet werden. Das erfordert gezielten und sachverständigen Einsatz. Die Begriffe Erziehung und Ausbildung sind nicht nebeneinander zu sehen, wie Erziehung ja, Ausbildung nein. Sie gehen vielmehr, wenn man sie zeitlich betrachtet, ineinander über. Erzogen wird ein Hund im Lauf seines ersten Lebensjahres. Danach wird er ausgebildet. Leider ist der Begriff Hundeausbildung manchmal negativ belegt. Die Ausbildung eines Hundes wird automatisch mit dem Begriff Hundesport und Prüfungen in Verbindung gebracht. Unterdrückt und geduckt laufende Hunde, die maschinenmäßig Kommandos ausführen, möchte man nicht. Diese Schlussfolgerung zu ziehen, ist aber nicht richtig. Mit Ausbildung ist gemeint, dass die im ersten Lebensjahr anerzogenen Verhaltensweisen gefestigt und abgesichert werden.

Die Empfehlung kann nur lauten, dass jede Deutsche Dogge erzogen und ausgebildet werden muss. Sie muss entsprechend ihren Bedürfnissen körperlich und geistig gefordert und gefördert werden, damit sie nicht vor Langeweile Verhaltensweisen zeigt, die das Zusammenleben mit ihr auf Dauer stressig und zu guter Letzt vielleicht auch unmöglich machen. Jeder Doggenbesitzer muss wissen, dass ihn ein völlig unerzogenes Kraftpaket von 80 Kilogramm am anderen Ende der Leine in Verlegenheit und Bedrängnis bringen kann. Kaum jemand ist in der Lage, einen Doggenrüden mit reiner Muskelkraft davon abzuhalten, sich einem anderen Hund auf der gegenüberliegenden Straßenseite zu nähern.

Man muss wissen, dass in unserer Gesellschaft große Hunde nicht immer und überall willkommen sind. Es ist sehr viel leichter, akzeptiert zu werden, ja sogar anerkennende Blicke und Worte zu bekommen, wenn eine Deutsche Dogge gut erzogen und ausgebildet ist. Dies soll das Ziel sein. Deshalb müssen wir dafür sorgen, dass aus unserem niedlichen Doggenwelpen ein umgänglicher, alltagstauglicher Begleithund wird, der weiß, was er darf und was nicht.

So ist es richtig: Der Hund läuft in der Freifolge freudig und konzentriert neben seiner Hundeführerin. Eine sehr gute Voraussetzung für stressfreie Spaziergänge.

Die Bindung zum Menschen

Deutsche Doggen sind sehr menschenbezogene Hunde. Ausgesperrt und sich selbst überlassen verkümmert ihr Wesen. Es gibt nichts Schöneres für sie, als mit ihren Menschen in möglichst engem Kontakt zu leben. Gemeinsame Spaziergänge und interessante Aktivitäten machen ihr Glück komplett. Dies sollten Sie im Umgang mit Ihrem Hund nutzen. Der Zoologe Dr. Udo Gansloßer definiert Bindung als ein Bestreben nach Aufrechterhaltung der Nähe zu einem spezifischen Partner, der nicht von einem anderen der gleichen sozialen Kategorie ohne weiteres ersetzt werden kann. Er weist aber auch darauf hin, dass eine Bindung, die sich durch eine übermäßige Spezifität beziehungsweise sogar Einmaligkeit auszeichnet, in einer Mensch-Hunde-Beziehung keineswegs unproblematisch ist. Nachzuvollziehen ist dies in der Praxis: Es gibt Hunde, die die Futteraufnahme einstellen, wenn ihre absolute Bezugsperson nicht anwesend ist – und dies auch über mehrere Tage hinweg.

Notwendige Kommunikation

Es gilt also, eine Beziehung aufzubauen. Eine unumgängliche Voraussetzung dafür ist die soziale Verständigung, also die Kommunikation. Dazu gehören ein Sender, ein Empfänger und ein Signal. Die Signale müssen möglichst eindeutig sein, wenn sie ihr Ziel erreichen sollen. Der Empfänger muss verstehen, was wir von ihm wollen. Der Sender, in diesem Fall wir, müssen wissen, dass wir ganzheitlich mit unserem Hund kommunizieren. Nicht nur mit unserer Stimme. Er nimmt kleinste Veränderungen unserer Körperhaltung wahr. Er merkt sofort, in welcher Gemütsverfassung wir uns befinden, ohne dass wir nur ein Wort gesagt haben, wobei hier die einzelnen Hunde unterschiedlich reagieren. Nicht kommunizieren mit einem Hund ist also nicht möglich.

Leider sind unsere Signale für unseren Hund oft sehr widersprüchlich: Körperhaltung und Stimme passen manchmal nicht zueinander. Unser Hund wird unsicher. Da müssen wir ihm helfen und nicht bestrafen,

Zwischen gut sozialisierten Hunden verläuft die Kommunikation perfekt. Jeder weiß durch die Körpersprache um die Emotion des anderen und wie er sich selbst verhalten sollte.

weil er unserem Wunsche nicht nachgekommen ist. Denn da ist er überfordert. In dieser Beziehung sind jedoch nicht nur wir Sender, auch er sendet an uns durch sein Verhalten, seine Körpersprache, seinen Blick und seine Lautäußerungen. Dies alles müssen wir beachten und zu verstehen lernen, damit das Zusammenleben Freude macht.

Wie spricht der Hund?

Verhält sich der Hund neutral, so ist sein Kopf leicht angehoben, die Ohrwurzeln sind nach vorne gezogen. Ist der Hund verunsichert oder hat Angst, senkt er den Kopf und dreht die Ohröffnung zur Seite. Möchte der Hund einer Eskalation aus dem Wege gehen, dreht er seinen Kopf weg vom Gegner. Dies ist eine Demutsgeste, die auch mit einer Unterbrechung des direkten Blickkontaktes einhergeht. Rollt sich der Hund auf den Rücken ab und streckt uns die Läufe entgegen, zeigt er seine passive Unterwerfung. Er macht dies, wenn er weiß, dass jetzt etwas passieren wird, was er nicht möchte. Bei echter Unterwürfigkeit zieht der Hund die Lippen waagrecht zurück, beleckt seine Schnauze oder macht ungerichtete Zungenbewegungen. Sträubt er das Fell, so kann dies Erregung, Unsicherheit oder Stress sein.

Wenn unsere Dogge gähnt, kann sie sich in einer Stresssituation befinden.

Wedelt Ihr Hund langsam mit der Rute, ist dies ein Zeichen von Gelassenheit und leichter, positiver Erregung. Wedelt er schnell, bedeutet dies grundsätzlich Anspannung und Erregung, die positiv – Freude bei der Begrüßung –, aber auch negativ sein kann, nämlich Unsicherheit ausdrückt. Dies und noch viel mehr sind die Signale unseres Hundes, die wir verstehen müssen, um mit ihm möglichst fehlerfrei kommunizieren zu können.

Erziehung als Grundlage

Gedanken, welche Hunderasse zu ihm passt, macht sich jeder verantwortungsvolle Hundekäufer, damit er im Nachhinein keine Überraschungen erlebt. Nun gilt es zu überlegen, was man mit dem Hund erreichen möchte. Soll er einfach nur ein Familienhund sein? Sind Hundesport, gegebenenfalls Ausstellungen oder gar Zucht ein Ziel? Das ist völlig egal – wir wissen, dass auch ein Familienhund erzogen werden muss.

Damit die Erziehung gelingt, müssen die Lernschritte sehr klein gehalten werden, sodass praktisch keine Fehler passieren können. Dies ist extrem schwierig. Erwünschte Verhaltensweisen können nur durch oftmaliges Wiederholen konditioniert werden.

Sollten Sie im Verlauf der Erziehung Ihrer Dogge feststellen, dass Ihnen die Beschäftigung mit ihr großen Spaß macht und sie ebenfalls freudig mit Ihnen arbeitet, können Sie Ihren Hund in verschiedenen Disziplinen, die der Hundesport bietet, ausbilden. Aber bitte daran denken: Ihr Hund ist ein Individuum, eine eigene Hundepersönlichkeit. Es macht unserer Dogge keine Freude, auf einem Hundeplatz zu arbeiten, wenn sie dies mit unangenehmen Erlebnissen verbindet, die ihr vielleicht zu Beginn der Übungen widerfahren sind.

Die Erziehung von Hunden hat sich seit einiger Zeit enorm verändert. Wurde früher ausschließlich durch körperliche Einwirkung, verbunden mit mehr oder weniger Schmerzen, erzogen und ausgebildet, so geschieht dies heute nur noch in einigen wenigen Ausnahmefällen. Erwünschtes Verhalten wird stattdessen zeitnah belohnt: mit Leckerchen verschiedener Art, mit Spielzeug, mit Körperkontakt und mit der Stimme.

Unerwünschtes ignorieren

Zeigt ein Hund ein Verhalten, das unerwünscht ist, wird es nicht beachtet. Es wird ignoriert. Natürlich muss der Hund auch merken, dass sein gezeigtes Verhalten keinerlei Beachtung findet. Nur dann macht es Sinn, nur dann zeigt es Wirkung. Ignorieren heißt also, überhaupt nicht beachten, nicht anschauen, nicht reden. Ignorieren wäre natürlich fehl am Platze, wenn der Hund eine unerwünschte Handlung ausführt, wie etwa auf dem Platz seines Herrchens auf dem Sofa zu liegen. Hier wird der Hund am Halsband vom Sofa genommen und konsequent daran gehindert, dieses Verhalten sofort wieder zu zeigen.

Positive Verstärkung

In der Verhaltensbiologie und der Psychologie gibt es den Begriff Verstärkung. Als Verstärkung bezeichnet man Konsequenzen, die das Auftreten eines Verhaltens verstärken, sodass es öfter, länger oder intensiver ausgeführt wird. Deshalb wird in der Erziehung und Ausbildung mit „positiver Verstärkung“ gearbeitet: Erwünschte Verhaltensweisen werden belohnt. Sofort. Innerhalb von einer Sekunde muss dies geschehen, damit der Hund dies verknüpft, damit er weiß, warum

Dieser Welpe bringt freudig seinen Futterbeutel. Er hat schon gelernt, dass er daraus eine Belohnung bekommt.

er jetzt das Leckerchen, sein Spielzeug oder die Streicheleinheit bekommt. Warum er jetzt mit freudigem Gesichtsausdruck seines Herrn und emotionaler Stimmlage gelobt wird. Dazu gehört natürlich, dass man seinen Hund ganz genau beobachtet, damit man auch sofort reagieren kann. Zu Beginn der Übungen muss er für richtiges Verhalten immer sein Leckerli bekommen.

Diese Art und Weise der Belohnung, Leckerli aus dem Mund zu geben, macht nur bei einigen Übungen im Hundesport Sinn. Normalerweise gibt man die Belohnung aus der Hand.

Richtig üben

Üben sollte man grundsätzlich, wenn der Hund aufmerksam sein kann. Das heißt, er darf nicht durch andere Umweltreize, wie sie z. B. bei Gruppenübungen oder Welpenspielen auf dem Platz auftreten, abgelenkt sein. Je weniger er abgelenkt wird, umso geringer ist die Gefahr, dass er Fehler macht, und umso schneller festigt sich das Gelernte. Im Laufe der Zeit sollten allmählich Ablenkungsreize dazukommen: ein in einiger Entfernung vorbeilaufender angeleinter Hund, Radfahrer, Spaziergänger, Autos usw. Aber immer nur in dem Maße, dass es dem Hund noch möglich ist, fehlerfrei zu lernen. Lässt er sich zu sehr ablenken, muss sofort eingegriffen werden. Er braucht Hilfestellung durch Lob. Wenn notwendig, müssen die Übungen auch abgebrochen werden.

Im Laufe der Zeit muss die positive Verstärkung jedoch variabel gestaltet werden, da der Hund gelernt hat, dass jetzt gleich etwas folgen wird. Wichtig ist auch, dass unterschiedliche Arten des Lobens eingesetzt werden – nicht immer nur Leckerli, nicht immer nur verbales Loben, nicht immer nur Streicheln. Es muss für unseren Hund interessant bleiben. Er muss das Lob erwarten, weiß aber noch nicht, was kommt.

„Negative Verstärkung“ darf in keinem Fall mit Bestrafung verwechselt werden. Es bedeutet vielmehr, dass unser Hund etwas häufiger macht, weil dadurch ein unangenehmer Reiz wegfällt. Möchten Sie z. B. nicht, dass Ihr Hund auf dem Boden liegendes Futter aufnimmt, so nehmen Sie Ihren Hund an die Leine und halten diese so, dass der Hund das Futter nicht erreicht, trotzdem er es versucht und an der Leine zieht. Lässt der Zug nach, die Leine ist also entspannt, bekommt er sofort eine Bestätigung aus der Hand in Form eines Leckerlis. Im Laufe der Zeit wird der Hund dieses Verhalten immer öfters zeigen, weil dadurch für ihn etwas Unangenehmes beendet oder vermieden wird.

Sinnvolles Trainingszubehör auf einen Blick: Trainingsweste und Ausbildungshalsband, verschiedene Leinen, geeignete Leckerchen und Apportiergegenstände

Leckerli als Belohnung

Im Fachhandel werden verschiedene Arten von Leckerli angeboten. Sie sollten Ihren Hund wählen lassen: Welches reizt ihn so, dass er es unbedingt haben möchte und dafür alles andere vergisst? Leckerlis sollen nicht zu groß sein. Er soll sie nicht kauen, sondern sofort schlucken können. Auch frische Leckerli werden oft verwendet, wie z. B. in kleine Scheiben geschnittene Bockwürste, Fleischwurst oder auch kleine Hartkäsestückchen. Auch wenn dies nicht die gesündesten Belohnungen sind, so kann man davon ausgehen, dass sie einer Dogge nicht schaden. Sie schmecken eben sehr gut.

Gönnen Sie Ihrem Hund auch Abwechslung. Je lieber er die Leckerli nimmt, umso erfolgreicher werden die Übungen verlaufen. Leckerli sollten auch nicht unentwegt gegeben werden, weil dann der Anreiz wegfällt. Sie sollen nicht satt machen, sondern Lust auf mehr. Zweckmäßig ist, wenn Sie diese in einem Futterbeutel am Gürtel mitführen oder eine Trainingsweste benutzen, damit Sie nicht umständlich in Ihrer Tasche suchen müssen und den Hund sofort belohnen können.

Der bereits ausgewachsene Ratonero Bodeguero Andaluz überfordert den Doggenwelpen nicht, da er seine Entwicklung von Geburt an verfolgt hat. Solch frühe Kontakte helfen bei der Eingewöhnung sehr.

Welpengruppe – ja oder nein?

Nur wenige Wochen alte Welpen üben schon in der Wurfkiste spielerisch Verhalten ein und merken sich dabei die Reaktion der Wurfgeschwister. Spielen bedeutet für unsere Hunde immer auch Rollentausch. Einmal gewinnt der eine, wenige Sekunden später der andere. Nur dann ist es Spielen. Gewinnt immer nur der eine, kann man davon ausgehen, dass dies schon kein Spiel mehr ist, aus dem jeder der beiden etwas lernt. Hetzt immer nur der eine dem anderen hinterher, merkt man sehr schnell an der Körperhaltung des davonlaufenden Hundes, dass diesem nicht mehr wohl dabei ist. Er schaut sich hilfesuchend um, klemmt die Rute zwischen die Beine und versucht, ein Versteck zu finden, in dem ihn sein Verfolger nicht mehr erreichen kann.

Hunde müssen und sollen spielen, damit sie auch anderen Hunden gegenüber sozialisiert werden. Dabei ist jedoch zu beachten, dass die Spielenden auch zueinander passen. Für Welpen werden vielerorts Welpenspielgruppen angeboten. Die Erfahrungen, die sie dabei sammeln können, sind sehr wichtig für ihr weiteres Leben.

Es entwickeln sich neue Beziehungen, eine andere Kommunikation, und es ist alles anders als in ihrem Welpenauslauf oder ihrem neuen Zuhause. Leider sind nicht alle Leiter solcher Gruppen kompetent. Man merkt dies schon bei der Zusammensetzung der Gruppen: Gleich groß bedeutet nicht gleich alt und gleich alt bedeutet nicht gleich groß. Dem ängstlichen oder etwas sensibleren Welpen muss erst einmal die Gelegenheit gegeben werden, sich alles anzuschauen. Einfach rein und Leinen los schockt so einen Hund, sodass er zukünftig dazu keine Lust mehr hat. Zu langes Spielen ist ebenfalls schädlich. Man muss ganz genau beobachten, wann es für den Kleinen reicht.

Bei aller Vertrautheit sollten kleine Kinder mit großen Hunden nie unbeaufsichtigt zusammen sein. Auch eine friedliche Aktion des Hundes könnte ein Kind verletzen.

In richtig gut geführten Welpengruppen ist der Welpe gut aufgehoben. Hunde aus einer gut geführten Welpengruppe fallen überall und immer durch entspannten Umgang mit Artgenossen auf.

Die wichtige Prägungsphase

Zum Zeitpunkt der Geburt ist das Nervensystem der Welpen zwar angelegt, aber noch nicht voll funktionstüchtig. Die weitere Ausdifferenzierung des Gehirns erfolgt nicht durch eine Vermehrung der Nervenzellen, sondern durch deren Vernetzung. Gebildet werden die Vernetzungen durch Umweltanforderungen; jede im Gehirn entstandene Vernetzung ist einem bestimmten Verhalten zuzuordnen. Sie besteht lebenslänglich und lässt sich nicht mehr verändern. Vernetzungen, die in der sensiblen Phase durch einen Mangel an Umweltreizen nicht stattgefunden haben, sind auch nicht nachholbar.

In der 3. Lebenswoche beginnt die Umwelt, für das künftige Verhalten des Welpen wichtig zu werden. Diese Zeitspanne dauert etwa bis zur 15./16. Lebenswoche und hat ihre ganz besondere Qualität: In diesem Lebensabschnitt werden die Grundlagen des Verhaltens für das zukünftige Leben des Hundes gelegt. Nutzt der Züchter dieses Alter sinnvoll durch vielfältige positive Erfahrungen für den Hund, wird aus dem Welpen ein verhaltenssicherer Hund. Versäumt er diese Chance, so sind Probleme vorhersehbar. Es entstehen sogenannte Deprivationsschäden durch Entzug oder Vorenthaltung von Sozial-

und Umwelterfahrung. Sie führen zu einer lebenslangen erheblichen Einschränkung der Kommunikationsfähigkeit mit der Umwelt. Soziale Unsicherheit äußert sich in einer defensiven Aggression und Angst gegenüber Artgenossen und Menschen. Dies kann später sogar einmal gefährlich werden.

Einzeln aufwachsende Welpen versäumen Entscheidendes für ihr späteres Leben. Das Spiel untereinander mit Gleichaltrigen gehört zu der sehr wichtigen Prägungsphase.

Vergleiche mit einem Menschenkind sind unzulässig, sollen hier aber als Maßstab zum besseren Verständnis dienen. In diesen Wochen läuft der Entwicklungsprozess beim Hund etwa 25-mal schneller ab als bei einem Kind. Das bedeutet, dass 25 Menschentage einem Tag in einem Hundeleben entsprechen. In den 16 Lebenswochen erreicht ein Welpe etwa den Status eines 7-jährigen Kindes. Sieht man dieses Entwicklungstempo positiv, so wird man verstehen, dass hier in einer relativ kurzen Zeit sehr viel erreicht werden kann. Positives, aber auch negatives Verhalten wird hier nachhaltig erlernt.
Die in dieser sensiblen Phase gesammelten Eindrücke werden zum Normmuster für unseren Hund.

Welpentest

Jones und Gossling (2005) haben in einer aufwändigen Vergleichsstudie bewiesen, dass es keine verlässliche Aussage über Persönlichkeitsmerkmale eines später erwachsenen Hundes durch eine Art der Testung im Welpen- bzw. Junghundealter gibt. Keiner der Tests, weder die Furchtsamkeit noch die Aktivität betreffend, erlaubte irgendeine Aussage über die spätere Lernfähigkeit. So viel zu dem Thema: Das ist der Frechste, der Mutigste, der Ängstlichste, der Schlaueste im Wurf. Aktuell mag dies auch zutreffen. Ob sich dies auch beim erwachsenen Hund zeigt, wird die Zeit lehren.

Da viele Welpen mit 8, 9 oder 10 Wochen den Züchter verlassen, gilt dies selbstverständlich auch für die neuen Besitzer. Vom ersten Tag an.

Das richtige Timing

Viele Hundebesitzer meinen, dass Hunde ein schlechtes Gewissen haben können. Sie schließen dies aus dem Verhalten ihres Hundes in besonderen Situationen. Hat er z. B. ein Sofakissen zerrissen, einen Stuhl angeknabbert oder gar ins Wohnzimmer gepinkelt, so kommt er ihnen mit eingezogener Rute, angelegten Ohren oder gekrümmtem Rücken entgegen. Manche Hunde verstecken sich sogar und müssen zur Begrüßung erst gelockt werden. Es reagieren aber nur die Hunde so, die in diesem Zusammenhang schon negative Erfahrungen gemacht haben, niemals bei ihrer ersten Tat. Der Hund hat etwas zerstört; der Besitzer kommt nach Hause, stellt dies fest, schimpft laut oder bestraft ihn. Im Gehirn des Hundes erfolgt folgende Verknüpfung: „Mein Mensch kommt nach Hause und es gibt Ärger. Ich muss ihn beschwichtigen." Dementsprechend ist auch seine Körpersprache. Der Hund weiß garantiert nicht, dass er vor wenigen Minuten oder auch Stunden etwas gemacht hat, worüber sich sein Herrchen ärgert und ihn deswegen bestraft.

Kann der Hund Bestrafungen nicht mit seinem Tun in Zusammenhang bringen, sind sie nutzlos. Eine Korrektur ist nur wirkungsvoll, wenn sie unmittelbar erfolgt!

So einem süßen kleinen Hundebaby etwas abzuschlagen, erfordert schon eine gewisse innere Härte. Aber Tabus sind bereits in diesem Alter zu setzen. Für beide Seiten ein Vorteil.

Notwendige Konsequenz

Doggenbabys sind genauso süß wie andere Hundebabys auch. Zu den Allermeisten gibt es jedoch einen entscheidenden Unterschied: Kleine, knuddelige Doggen wachsen und wachsen, werden groß und stark. Deutsche Doggen gehören zu den Riesenrassen. Sie haben aber auch eines mit allen Hundebabys gemeinsam: Sie fordern uns immer wieder heraus. Sie möchten die Freiheiten, die sie einmal bekommen haben, nicht mehr hergeben, sondern immer weiter ausbauen. Deshalb gibt es eine goldene Regel, die bei der Aufzucht von Deutschen Doggen zu beachten ist und die Voraussetzung für ein harmonisches Zusammenleben ist: Den Kleinen wird nur das gestattet, was sie auch als erwachsene große Hunde dürfen. Alles andere würden sie nicht verstehen.

Doggenbabys sind verschmust. Wenn sie uns mit ihren glänzenden Hundeaugen ansehen, mit den Falten auf der Stirn, die das Hundegesicht so unwiderstehlich machen, den Kopf etwas schräg gehalten, kann man ihnen eigentlich keinen Wunsch abschlagen. Sei es das Erklettern des Sofas, das Zusammenrollen auf Herrchens Sessel, der so herrlich nach ihm riecht, das stückweise Erklimmen des Bettes, aber auch das Betteln am Tisch. Dies alles wäre bei einem zehn Wochen alten, ca. 20 kg schweren Hundebaby noch zu verkraften. Probleme treten spätestens bei 50, 70 oder 80 kg auf. Wenn dann die Dogge ihren Platz auf dem Sofa auch Besuchern

Jeder entscheidet selbst, wie er seine Dogge schlafen lässt. Bedacht werden sollte dabei, dass dies ein ganzes Hundeleben lang gelten sollte.

gegenüber behauptet, ist dies nicht mehr lustig, dann wird es schwierig.

Konsequenz bedeutet auch, dass man diese im Bedarfsfall 10-mal zeigt. Wenn der Welpe 10-mal probiert, auf das Sofa zu klettern, muss er 10-mal daran gehindert werden. Selbst dann, wenn er es im Moment sein lässt, weil er als Ablenkung sein liebstes Spielzeug bekommt, wird er es später wieder versuchen. Dann wird er wieder daran gehindert. Mit denselben Worten. Denn eines haben alle Hunde gemeinsam: Sie lernen zu unterscheiden, ob ihre Aktion zum Erfolg führt oder nicht. Hat ihre Aktion keinen Erfolg, werden sie es immer seltener versuchen und zum Schluss ganz sein lassen. Sie müssen wissen, was sie dürfen oder nicht.

Etwas hergeben

Unserem Hund etwas aus dem Fang zu nehmen oder ihn zu veranlassen, etwas fallen zu lassen – und zwar schnell und ohne Wenn und Aber –, gehört zu den elementaren Grundregeln. Ob es sein Futter ist, ein Knochen oder auch sein Lieblingsspielzeug. Dies versteht er erst einmal nicht, da es im biologischen System unseres Hundes nicht vorgesehen ist. Es kann aber einfach notwendig und sinnvoll sein, wenn er mit einem halbverwesten Hasen, den er im Wald gefunden hat, freudig schwanzwedelnd vor einem steht. Aber auch lebensrettend, wenn der Verdacht besteht, dass er etwas frisst, was für ihn gefährlich oder im Extremfall sogar tödlich sein kann.

Das Ausgeben zu erreichen, ist für beide Seiten sehr viel einfacher, wenn es schon der Welpe lernt. Dann sind die Zähne zwar schon sehr spitz, aber noch sehr klein und der Kieferdruck noch nicht so groß, wenn beim Üben mal etwas danebengeht. Und das wird passieren, denn der Welpe hat im Umgang mit seinen Geschwistern in der Wurfkiste gelernt, seine Beute zu behaupten. Wenn eines seiner Geschwister versucht, ihm diese

Das Stofftier aus dem Fang zu nehmen, ist sicher nicht so schwierig. Bei einem Knochen sieht dies schon ganz anders aus. Wenn es rechtzeitig geübt wird, ist es kein Problem.

wegzunehmen, schnappt er danach. Das ist völlig normal, nur nicht angenehm und letztendlich bei einer großen Dogge unter Umständen recht schmerzhaft, wenn sein Besitzer ihm etwas wegnehmen möchte.

Tauschen

Das Ausgeben muss der Hund also lernen. Am besten so, dass man mit einem Spielzeug anfängt. Der Trieb, dies für sich zu behalten, ist hierbei sicher nicht so groß wie bei einem Kauknochen. Wichtig ist, immer dasselbe Hörzeichen zu benutzen, das immer dann eingesetzt wird, wenn der Hund etwas unterlassen soll. Dies kann z. B. „Pfui", „Aus" oder auch „Nein" sein, das der Situation entsprechend mehr oder weniger laut und akzentuiert gerufen wird.

Nehmen wir an, der Welpe trägt sein Spielzeug stolz im Maul umher. Er wird gelockt und mit einer Hand am Halsband festgehalten. Nun kommt in einem ruhigen Ton das Hörzeichen, z. B. „Aus". Es wird nichts passieren, weil der Welpe dieses Hörzeichen noch nicht im Zusammenhang mit dem Loslassen des Spielzeugs kennt. Dann bietet man ihm ein Tauschgeschäft an, indem man ihm etwas Verlockendes vor die Nase hält. Es kommt wieder das Hörzeichen „Aus". Lässt er sein Spielzeug los, bekommt er den Tauschartikel und wird kräftig gelobt.

Funktioniert das Tauschen nicht, kann man es mit etwas Zwang versuchen. Man gibt das Hörzeichen „Aus" und greift von oben mit Daumen und Mittelfinger wie eine Zange über den Nasenrücken des Hundes an seine Lefzenwinkel, dort wo die letzten Zähne sind. Der Druck muss nur so stark sein, dass der Welpe seinen Fang öffnet und das Spielzeug herausfällt, natürlich begleitet von dem Hörzeichen „Aus". Lässt der Welpe das Spielzeug fallen, wird er sofort mit einem bereitgehaltenen Leckerli und z. B. mit „So ist er brav" belohnt. Erst dann wird das Spielzeug weggenommen. Mit der Hand am Halsband hindert man den Hund daran, danach zu schnappen. Dann wird sein Spielzeug wieder direkt in seinen Fang gelegt. Dies wird drei- bis viermal wiederholt, wobei der Hund nur so lange mit der Hand gezwungen wird, seinen Fang zu öffnen, solange er dies nicht auf das Hörzeichen „Aus" hin von sich aus macht. Am Ende der Übung darf der Welpe sein Spielzeug behalten. Er lernt also, dass er auf „Aus" etwas hergeben muss, dem er sich auch durch Weglaufen nicht entziehen kann, dass dies aber mit dem Leckerli und der verbalen Belobigung verbunden ist und er dann das Spielzeug immer wieder bekommt. Wenn das einige Male geübt wurde, wird es kein Problem mehr sein. Danach erfolgt die gleiche Vorgehensweise mit der Futterschüssel und als Letztes mit einem Knochen. Wichtig! Bei einer erwachsenen Dogge wird das Ausgeben mit dem Griff über den Nasenrücken nicht mehr funktionieren. In der Regel reicht die Kraft eines Menschen nicht aus, eine erwachsene Dogge dazu zu bringen, ihren Fang zu öffnen. Daher sollte das Abgeben von Dingen als kooperatives Tauschgeschäft und nicht als Dominanzverhalten geübt werden.

Grundgehorsam

Doggenbesitzer haben sehr unterschiedliche Ansprüche an ihren Hund, was er können sollte und was sie für nicht notwendig erachten. Einen gewissen Grundgehorsam wünschen sich sicher alle. Dazu gehört, dass der Hund, wenn man ihn ruft, ohne zu zögern und ohne Umwege kommt. Dass er, ohne zu ziehen, an der Leine läuft, sich auf ein bestimmtes Hörzeichen hinsetzt oder auch hinlegt. Sitzen und liegen bleibt, auch wenn der Besitzer sich entfernt. Dazu gehört auch, dass er unerwünschte Verhaltensweisen auf Zuruf sofort unterlässt. Dies alles lernt er nicht durch Zwang, sondern durch positive oder auch negative Verstärkung und viele Wiederholungen. Nur dann festigt sich das Gelernte.

Die Trainingsbedingungen

Es gibt ein paar Erfolgsfaktoren, die beim Üben mit dem Hund Voraussetzung dafür sind, dass sie gelingen. Geübt werden sollte nur dann, wenn man sich selbst gut fühlt, also positiv gestimmt ist. Ist man zornig oder ärgerlich, ist Misserfolg vorprogrammiert. Fast genauso wichtig ist der Augenkontakt mit dem Hund. Dieser ist notwendig, damit beide bereit sind, eindeutige Signale zu senden und zu empfangen.

Die Übungseinheiten dürfen nicht zu kurz, aber auch nicht zu lang sein. Sind sie zu kurz, kann der Hund das Gelernte nicht abspeichern. Sind sie zu lang, wird der Hund müde und unaufmerksam und die Übungen enden dann meistens mit einem Misserfolg. Als Faustregel kann man bei Junghunden höchstens zwei bis drei und bei erwachsenen Hunden höchstens zehn Minuten ansetzen; dies ruhig mehrmals am Tag. Zwischendurch sollte immer wieder mit dem Hund gespielt werden, damit die Trainingseinheiten aufgelockert werden und die Anspannung des Lernens herausgenommen wird. Auch die letzte Übung endet mit einem Spiel, bei dem der Hund auf jeden Fall gewinnt.

Anführer sind stark

Hunde sind Rudeltiere und leben in einem Verband mit einer gewissen Rangordnung. Dieser Verband gibt einem Hund Sicherheit, die er braucht, um sich entfalten zu können. Diese Sicherheit muss er, da kein Hunderudel vorhanden ist, bei uns in der Familie finden. Der Rudelführer muss überzeugend auftreten, damit sich die Rudelmitglieder bereitwillig einordnen. Seine Entscheidungen müssen unserer Dogge helfen, sich in dem Verband wohlzufühlen. Ein Rudelführer korrigiert auch oder setzt Grenzen. Das ist für einen Hund völlig normal. Er ist nicht beleidigt oder nachtragend. Der Mensch muss auch nicht immer vorausgehen, z. B. durch eine Tür, um seine Stellung zu unterstreichen, wie oft geraten wird. In der Natur läuft der Ranghöchste meist in der Mitte. Er ist stark, und er ist im Menschen-Hunde-Rudel ein Erwachsener. Ihm wird sich die Dogge anschließen, wird ihm folgen, wenn möglich auf Schritt und Tritt, auch wenn im Rudel noch andere Hunde und Kinder sind.

Exkurs

Bei uns werden die Hunde grundsätzlich von meiner Frau gefüttert. Aus vielerlei Gründen hat sie mehr Kontakt zu ihnen als ich. Von ihr werden die Hunde auch sehr verwöhnt, es gibt bei ihr nur ganz wenige Tabus. Trennen sich unsere Wege bei einem gemeinsamen Spaziergang, sind unsere Doggen im ersten Moment unschlüssig, warten ab und bleiben stehen, um zu sehen was passiert. Sie laufen dann zuerst einige Meter in ihre Richtung, dann in meine. Bleiben wieder stehen. Danach entscheiden sie sich schnell und folgen meistens mir.

Welpen lernen von älteren Hunden und orientieren sich an Ihnen.

Lernen von älteren Hunden

Am besten funktioniert die Kommunikation unter Hunden. Deshalb ist es wichtig, dass ein Hund dies immer wieder erleben darf. Ältere erfahrene Hunde machen es einem Welpen oder Junghund leicht, mit für ihn ungewöhnlichen Situationen fertig zu werden. Manchmal ist es eine sich im Wind bewegende Plastiktüte am Wegrand, ein abgestelltes Fahrrad, das sonst nie da steht, oder einfach nur ein großer Strohballen, der unseren Welpen oder Junghund erschreckt und ihn vorsichtig werden lässt. Er bleibt stehen, seine Rückenhaare sträuben sich, er bellt unsicher oder legt gar den Rückwärtsgang ein. Ein völlig normales Verhalten in einer Situation, die er so noch nicht kennt. Zeigt der Alte, dass dies alles ungefährlich ist und durchaus beschnuppert werden kann, so wird der Junge – sicherlich angespannt und noch etwas zögernd – die Herausforderung bewältigen und sich ebenfalls dem Gegenstand nähern. Die Angst wird überwunden. Sehr hilfreich ist so ein erfahrener Hund auch, wenn es darum geht, Treppen zu steigen oder über schmale Brücken zu gehen.

Sollte es keinen erfahrenen Artgenossen geben, muss der Mensch diese Funktion übernehmen. Der Hund wird angeleint. Langsam, mit beruhigenden Worten, keinesfalls den Hund streicheln, nähert man sich gemeinsam dem Objekt des Erschreckens. Es darf dabei kein Zwang ausgeübt werden. Bleibt der Hund stehen und weigert sich weiterzugehen, versucht man, in etwas größerem Abstand an dem Objekt vorbeizugehen.

Die jüngere Hündin (rechts) verhält sich ruhig, da sie das Verhalten der älteren (links) genau einschätzen kann. Ganz wohl ist ihr nicht dabei, wie man an der Ohrhaltung erkennen kann.

Die Distanz wird von Mal zu Mal verringert. Die Angst bleibt, wenn es dem Menschen nicht gelingt, dem Welpen oder Junghund zu vermitteln, dass von dem Objekt keine Gefahr ausgeht.

Aber die Kommunikation unter Hunden funktioniert auch im für uns negativen Sinne. Verbellt z. B. ein im heimischen Rudel lebender kleiner Hund jeden Fußgänger, der am Gartenzaun vorbeigeht, und hört damit nicht auf, auch wenn er gerufen wird, so reichen zwei bis drei solcher Erlebnisse, bei denen der Junghund noch abwartend daneben steht und nicht weiß, was er tun soll, um dann beim nächsten Mal das gleiche Verhalten zu zeigen. Negative Verhaltensweisen sollten daher sofort unterbunden werden. Es ist sehr schwierig, so etwas wieder abzugewöhnen.

Selbstständigkeit trainieren

So positiv ein älterer erfahrener Hund eine junge Dogge auch beeinflussen kann, so groß ist die Gefahr, dass unsere Dogge, wenn sie mit zwei oder drei anderen Hunden zusammen gehalten wird und nie alleine ist, nicht genügend Selbstbewusstsein entwickelt. Dies ist aber notwendig. Deshalb muss sie immer wieder aus der Gruppe gelöst werden und eigene Erfahrungen sammeln können. Auf Spaziergängen oder bei der Mitnahme im Auto kann dies ganz gezielt geübt werden. Vorhandene Ängste müssen auch selbst besiegt werden. Sie muss wissen, dass ihr auch ohne die Anwesenheit der anderen Rudelmitglieder nichts geschieht, da ihre Hauptbezugsperson oder andere Familienmitglieder bei ihr sind.

Es gibt genügend Beispiele, dass ein im Rudelverband freundlicher und übermütiger Hund sehr unsicher sein kann, wenn er allein ist: die Rute klemmt, sich plötzlich vor anderen Menschen fürchtet, denen er sich im Verband mit seinen Artgenossen problemlos genähert hat. Dies wird vermieden, wenn der Hund schon in frühester Jugend und von Beginn an auch alleine an unserem Leben teilhaben kann. Dies bei einer erwachsenen Dogge nachzuholen, kann sehr aufwändig sein und unter Umständen erfolglos bleiben.

Abrufen

Sicher ist das Abrufen unter den Übungen des Grundgehorsams die wichtigste. Das heißt, Ihr Hund befindet sich außerhalb Ihres Einwirkungsbereiches und soll zu Ihnen kommen, sofort, ohne Umwege und möglichst schnell. Egal wie verlockend und interessant das ist, was er gerade macht. Gelingt Ihnen dies, hat Ihr Hund riesiges Glück. Sie verschaffen ihm dadurch die Möglichkeit, sich ganz oft frei bewegen zu können. Aber auch Sie können die Spaziergänge mit Ihrem Hund herrlich stressfrei genießen. Es ist wunderbar, gerade bei einem so großen Hund die Gewissheit zu haben: Wird er gerufen, kommt er sofort, auch noch unter großer Ablenkung. Auf den Rundumblick beim Spaziergang kann verzichtet werden. Plötzlich auftauchende Radfahrer oder Jogger sind überhaupt kein Problem. Und das könnten sie sein, denn einige sind ahnungs- oder manchmal auch rücksichtslos den Hundebesitzern gegenüber.

Einmal rufen und schon ist sie da: So schnell sollte eine Dogge kommen, wenn sie gerufen wird.

Rücksicht nehmen

Denken Sie immer daran: Es ist eine Deutsche Dogge, ein großer, kräftiger Hund – für unsere Mitmenschen noch sehr viel größer als für uns –, der sie in Angst und Schrecken versetzen kann. Dies geschieht schon allein dadurch, dass er auf sie zuläuft, vielleicht etwas verlegen bellend, um sie herumspringt, sie vielleicht mit der Schnauze anstößt oder gar beschmutzt. Und das in Verbindung mit dem Besitzer, der seinen Hund unentwegt vergeblich ruft. Eine ähnlich peinliche Situation kann es auch bei Begegnungen mit anderen Hunden geben, die Angst vor so großen Artgenossen haben, die ängstlich kläffen, sich hinter ihrem Besitzer verstecken, vielleicht auf den Arm genommen werden. Und schon ist es passiert.

Das muss nicht sein. Es ist höchst eindrucksvoll und angenehm, wenn Spaziergänger feststellen, dass ein freilaufender großer Hund auf Zuruf zum Besitzer kommt, sich anleinen lässt und dann völlig entspannt an ihnen vorbeigeht. Die Erfahrung zeigt, dass auch die Fellfarbe eines Hundes bei solchen Begegnungen eine Rolle spielt. Bei gleichem Verhalten wird den gelben und gestromten Doggen von den Menschen mehr Vertrauen entgegengebracht. Sie werden als weniger „gefährlich" wahrgenommen als große, dunkle Hunde.

Wenn Junghunde so schnell kommen, sollten sie unbedingt mit einem Leckerli, Streicheleinheiten, aber auch freudigen Worten gelobt werden.

Das Abrufen trainieren

Nur mit Selbstdisziplin, vielen Wiederholungen und absoluter Konsequenz ist dieses Ziel zu erreichen. Rückschläge müssen einkalkuliert werden, dürfen aber nicht zum Aufgeben führen. Konsequenz begleitet uns während des gesamten Zusammenseins mit unserer Dogge. Dies ist leichter gesagt als getan; Sie werden, wie alle anderen Hundebesitzer vor Ihnen auch, inkonsequent sein oder werden. Die Frage ist nur, in welchen Situationen Sie sich das leisten können. Auf alle Fälle dann nicht, wenn es um das Abrufen geht.

Die Kommunikation muss stimmen. Das Signal muss eindeutig sein. Ihr Hund muss verstehen, was Sie von ihm wollen. Dazu gehört, dass Sie ausnahmslos, wie auch alle Ihre Familienangehörigen, für das Abrufen des Hundes das gleiche Hörzeichen benutzen. Möglichst kurz und prägnant soll es sein, damit es auch bei Bedarf entsprechend betont werden kann. Üblich ist „Hier" oder „Komm" oder ein anderes Hörzeichen Ihrer Wahl. Dieses darf jedoch niemals ergänzt werden durch Zusätze wie „Hörst Du nicht" oder „Kommst Du sofort" oder „Gleich nehm ich dich an die Leine". Diese Zusätze sind insofern schädlich, da sie nicht immer verwendet werden und somit nicht eindeutig sind.

Das Ziel muss sein, dass Ihre Dogge nach einmaligen Rufen sofort und ohne Umwege freudig kommt. Mit dem Üben fängt man am besten im Garten an, wenn sie interessiert an einem Baum schnüffelt oder sich sonst anderweitig beschäftigt und Sie ganz nah bei ihr stehen. Sobald sie mit Ihnen Augenkontakt hat, machen Sie sich höchst interessant. Sie rufen sie mit dem Hörzeichen, locken sie mit einem Spielzeug oder Leckerli, fordern sie durch lockende Bewegungen auf, zu Ihnen zu kommen. Wenn Sie sich dabei klein machen, das heißt in die Hocke gehen, hilft das immer. Schaut sie Sie nur an und reagiert nicht, wenden Sie sich halb von ihr ab und gehen zwei, drei Schritte in die entgegenge-

setzte Richtung. Das animiert sie bestimmt dazu, zu Ihnen zu kommen. Wenn Ihre Dogge kommt, wird sie kräftig gelobt. Mit Ihrer Stimme, mit Streicheln, mit einem Spielzeug oder mit einem tollen Leckerli. Danach darf sie sich wieder selbst beschäftigen. Diese Übungen dürfen nicht zu oft wiederholt werden, drei- bis viermal hintereinander reicht, und dies ruhig einige Male am Tag.

Ist Ihr Hund zu sehr beschäftigt und es ist Ihnen nicht möglich, Augenkontakt zu bekommen, müssen Sie anderweitig auf sich aufmerksam machen. Wichtig ist der Augenkontakt. Dann erst rufen. Immer mit demselben Hörzeichen. Klappt das Abrufen im Garten, können Sie die Übungen bei Spaziergängen fortsetzen. Aber immer daran denken: Sie sollten Ihrer Dogge beim Lernen so behilflich sein, dass sie möglichst keine Fehler machen kann. Deshalb üben Sie erst an Plätzen, an denen keine Ablenkung vorhanden ist bzw. diese nicht zu groß ist.

Aufmerksamkeit bekommen

Um die Aufmerksamkeit Ihres Hundes bei Spaziergängen zu erhalten, sollten Sie sich auch gelegentlich hinter einen Baum oder Strauch verstecken und Ihren Hund beobachten. Wenn er Sie plötzlich nicht mehr sieht, wird er Sie suchen. Sie können ihn dabei durch Geräusche unterstützen oder auch kurz hinter dem Baum hervortreten, damit er Sie sieht. Sie erreichen damit, dass Ihr Hund sich oft vergewissert, dass Sie in der Nähe sind. Hunde sind Bewegungsseher. Sie erkennen auch auf große Entfernung, wenn sich etwas bewegt. Hat er Sie gefunden und kommt zu Ihnen, ist die Freude groß. Dafür gibt es eine Belohnung.

Mit Ruhe und Geduld

Sie werden immer wieder, auch wenn es schon recht gut geklappt hat, in die Situation kommen, dass Ihr Hund plötzlich nicht hört. Er kommt nicht, wenn Sie ihn rufen, und es ist auch kein Augenkontakt möglich. Aufregende Gerüche am Baumstamm oder Laternenpfahl üben einen viel größeren Reiz aus, als die Belohnung von Ihnen. Jetzt heißt es richtig reagieren. Gehen Sie – ohne die Geduld zu verlieren – einige Schritte auf Ihren Hund zu und wiederholen Sie das Rufzeichen. Reagiert er immer noch nicht, nähern Sie sich ihm weiter und rufen erneut. Dies wiederholen Sie so oft, bis Ihr Hund reagiert und kommt. Dann bekommt er seine

Bei Übungen mit Junghunden ist Freundlichkeit, Ruhe und Geduld das oberste Gebot.
1 Kleine Tricks machen beiden Freude.
2 Für dieses korrekte „Sitz“ gibt es ein tolles Leckerli.

Belohnung. Nicht schimpfen oder zornig an die Leine nehmen nach dem Motto „Ich zeig Dir was passiert, wenn Du nicht hörst“. Denn damit erreichen wir nur eines: Der Hund verknüpft, dass er gekommen ist und mit drohender Gestik, einschüchternder Stimmlage und Anleinen empfangen wird. Dies darf nicht sein. Beste Beispiele dafür sind Hunde, die sich ihrem Besitzer bis auf zwei, drei Meter nähern, sich aber durch Herumspringen dem Anleinen entziehen. Dann gilt es, verlorenes Vertrauen wieder aufzubauen und zukünftig besser, weniger emotional, zu reagieren.

Ignoriert der Hund Ihr Rufen gänzlich und lässt ihn auch das Leckerli kalt, so nehmen Sie ihn wortlos an die Leine und führen ihn zu der Stelle, von der aus Sie ihn gerufen haben. Dort bekommt er dann sein Leckerli. Für Sie ist dies der Hinweis, dass die Entfernung zu Ihrem Hund zu groß war. Trainieren Sie diese Übung wieder auf kurze Entfernung.

Kontraproduktiv ist auch, wenn Sie den Hund abrufen, er kommt sofort, wie gewollt, und Sie nehmen ihn sofort an die Leine. Dann verknüpft Ihr Hund: „Immer wenn ich komme, gibt es zwar eine Belohnung, aber ich werde auch an die Leine genommen.“ Deshalb gilt bei den Übungen: rufen, kommen lassen, belohnen, wieder laufen lassen oder anleinen. Sonst läuft Ihr Hund nach jeder Belohnung sofort wieder weg.

Die Hündin fühlt sich nicht ganz wohl. Das kann man an der Ohrhaltung sehen. Die Besitzerin gibt ihr nun Sicherheit durch ihre Mimik und den Körperkontakt.

Keine Angst, hier passiert nichts. Die Welpen haben dieses Verhalten bereits in der Wurfkiste gelernt. Begleitet wird dieses Scheingefecht durch lautes Gejaule von beiden Seiten.

Beißhemmung

Es hält sich hartnäckig das Gerücht, dass unseren Hunden eine Beißhemmung angeboren ist. Das ist nicht der Fall. Der Welpe muss dies im Spiel mit seinen Geschwistern lernen, schon in der Wurfkiste. Da macht er die Erfahrung, dass, wenn er zu stark zubeißt, diese schreien und flüchten. Das Spiel

ist dann zu Ende. Das will er nicht, deshalb lässt er zukünftig sofort los, wenn ein Schrei ertönt.

Dies sollten Sie sich zunutze machen und schon zu Beginn Ihrer Beziehung bei zu festem Festhalten Ihrer Hand einen Schmerzlaut ausstoßen und sofort den Kontakt mit Ihrem Hund abbrechen. Er wird Sie erstaunt ansehen, es vielleicht noch ein- oder zweimal probieren, aber dann weiß er, dass sein Verhalten – Beißen und Zwicken – kein geeignetes Mittel ist, um mit Ihnen zu spielen.

Nicht hochspringen

Es ist Ausdruck freundlicher Ergebenheit oder Zuneigung, wenn Welpen gegen die Lefzen der Mutter stoßen und diese lecken. Dieses Verhalten zeigt auch Ihr Hund, zum Beispiel wenn Sie nachhause kommen und er bei der Begrüßung an Ihnen hochspringt, um an Ihr Gesicht zu kommen. Das ist bei einem kleinen Hund schon nicht sehr angenehm, bei einer ausgewachsenen Dogge kann dies recht schmerzhaft sein, wenn sie mit ihren Vorderpfoten auf Ihrem Oberkörper Kratzspuren hinterlässt. Wehren Sie das Hochspringen einfach mit den Händen ab oder schimpfen Sie Ihre Dogge, so wird sie das nicht verstehen. Sie wird vielmehr versuchen, noch intensiver an Ihre Mundwinkel zu kommen, um diese zu lecken und Sie wieder gnädig zu stimmen. Deshalb gilt es von Anfang an, dieses Verhalten nicht zu dulden. Immer in der Gewissheit, dass es Sie jetzt vielleicht noch glücklich macht, wenn Ihr Welpe oder Ihr junger Hund Ihnen durch Hochspringen zeigt, wie froh er ist, wieder bei Ihnen zu sein. Später sicher nicht mehr.

Wenden Sie sich abrupt ab und ignorieren Sie Ihren Hund sofort, wenn Sie bemerken, dass er an Ihnen hochspringen will. Nach einigen Fehlversuchen wird er merken, dass er Ihre Zuwendung durch sein Hochspringen nicht erreicht. Begrüßt er Sie, indem er sich an Sie drückt, um gestreichelt zu werden, dabei aber nicht mehr hochspringt, zeigen auch Sie Ihre Freude über das Wiedersehen. Aber Vorsicht: Nicht zu toll loben, nicht zu lebhaft agieren. Es ist sonst leicht möglich, dass Ihr Hund wieder in sein altes Verhaltensmuster zurückfällt und versucht, Ihr Gesicht zu erreichen.

Sensible Doggen

Wenn Ihre Dogge sehr sensibel ist, kann es sein, dass sie bis zu einem Alter von sechs bis sieben Monaten im Zuge einer überaus freudigen Begrüßung manchmal einige Tropfen Urin verliert. Das ist natürlich nicht sehr angenehm. Auch hier gilt das Prinzip des Ignorierens: Wenn Sie wissen, dass dies je nach Gemütszustand Ihres Hundes manchmal passieren kann, so sollten Sie z. B. beim Betreten des Hauses den Hund keines Blickes würdigen. Begrüßen Sie ihn, wenn möglich, im Freien. Dieses Verhalten kommt nicht sehr häufig vor und ist auch nur eine vorübergehende Erscheinung.

Doggen liegen gerne erhöht und weich. Kontaktliegen mögen nicht alle Doggen, hier klappt es.

Alleinbleiben

Es wird sicher Situationen geben, in denen Ihre Dogge alleine zuhause sein wird. Hat sie dies nicht rechtzeitig gelernt und bekommt Trennungsangst, so kann das recht unangenehme Folgen haben. Hat sie gelernt, dass es für sie im Zusammenleben mit Ihnen Tabus gibt, dass sie nicht die gleichen Privilegien hat wie andere Rudelmitglieder, fällt es leichter, sie daran zu gewöhnen.

Langsam gewöhnen

Die beste Gelegenheit, Ihren Hund an das Alleinsein zu gewöhnen, ist, wenn er müde vom Toben auf seiner Decke liegt oder sich mit einem Spielzeug beschäftigt. Verlassen Sie dann den Raum, schließen Sie ruhig die Tür. Sie kommen nach wenigen Augenblicken wieder zurück, beachten den Hund dabei aber nicht. Diese kurzen Augenblicke müssen nach und nach ausgedehnt werden.

Hat Ihr Hund sein Nachtlager nicht in Ihrem Schlafzimmer, ist er ja schon daran gewöhnt, dass nicht permanent jemand um ihn herum ist. Lassen Sie einfach das Radio leise spielen, es gibt Ihrem Hund das Gefühl, nicht ganz allein zu sein.

Noch einfacher ist es, wenn Sie in Ihrer Wohnung einen Raum zur Verfügung haben, in dem Ihre Dogge ihr Hundebett hat und der ihr nicht allzu viel Gelegenheit bietet, aus Langeweile etwas anzunagen oder herunterzuziehen. Anstelle einer geschlossenen Tür sollte z. B. ein Gitter, wie es auch als Kindersicherung verwendet wird, im Türrahmen angebracht werden. Ein geschlossener Raum, der den Hund total von seiner Umwelt abschottet, verursacht anfänglich Panik.

Wenn nun aber doch etwas passiert ist, muss dies ignoriert werden, auch wenn Ihr Hund auf den Teppich gepinkelt hat. Schimpfen Sie nicht, auch wenn es schwerfällt. Ihr Hund verknüpft sonst, dass mit Ihrem Erscheinen Unannehmlichkeiten verbunden sind. Beseitigen Sie einfach wortlos den Schaden. Kommen Sie zurück und Ihr Hund hat nichts angestellt, so hat er sich natürlich einige Streicheleinheiten verdient.

Klappt das Alleinsein in der Wohnung, wird dies auch im Pkw kein Problem mehr sein. Auch hier gilt: Lassen Sie ihn erst ganz kurz allein. Geben Sie ihm einen Kauknochen oder ein Spielzeug, damit er erst einmal beschäftigt ist. Gehen Sie außer Sicht und beobachten Sie, wie er sich verhält, um gegebenenfalls eingreifen zu können. Verhält er sich ruhig, wird auch hier die Dauer des Wegbleibens ausgedehnt. Er muss wissen, dass Sie auf jeden Fall wiederkommen.

Es gibt viele Hunde, für die Alleinsein überhaupt kein Problem ist. Ich habe Wurfgeschwister erlebt, von denen die eine Hündin Holzstühle angenagt hat. Sie ist bei uns geblieben. Die Schwester kam in eine Wohnung, die mit vielen verlockenden Accessoires ausgestattet war, und hat überhaupt nichts angerührt.

„Sitz“ lernt eine Dogge relativ schnell, wenn die Übung konzentriert und flüssig mit Leckerli und Hörzeichen ausgeführt wird. Ganz ohne Leine.

Sitz

Welpen machen dies schon beim Züchter, natürlich unbewusst. Sie sind noch klein und es ist für sie viel bequemer, wenn sie im Sitzen zu ihrem Züchter hochschauen, um ein Leckerli zu bekommen. Dies sollten wir uns zunutze machen: Wir zeigen dem Welpen mit der Hand ein Leckerli, halten es ihm vor die Nase und bewegen die Hand langsam auf seine Stirn zu und sagen das Hörzeichen „Sitz“. Er wird der Bewegung folgen und sich setzen. Dann bekommt er sofort das Leckerli. Dies kann ruhig mehrmals am Tag geübt werden. Lassen Sie Ihren Hund ruhig einige Sekunden neben sich sitzen und halten Sie Augenkontakt. Will er aufstehen, kommt sofort wieder das Hörzeichen „Sitz“. Dann lösen Sie das Sitz mit der Aufforderung zum Spielen auf.

Nach einiger Zeit wird sich Ihr Hund allein auf das Hörzeichen „Sitz“ selbstständig hinsetzen. Dabei bekommt er sein Leckerli. Dies fällt dann immer wieder mal weg und er wird verbal gelobt oder bekommt sein Lieblingsspielzeug.

Sitzenbleiben

Klappt das Sitz, wenn Sie neben Ihrem Hund stehen, zögern Sie die Belohnung etwas hinaus. Drehen Sie sich zum Hund, damit Sie Augenkontakt haben, und entfernen sich einen Schritt. Ihr Hund wird dies aufmerksam verfolgen, denn er erwartet ja noch seine Belohnung. Warten Sie nicht zu lange, stellen Sie sich wieder an seine rechte Seite und geben Sie ihm sein Leckerli. Vergrößern Sie

nun Stück für Stück die Entfernung. Aber immer noch mit Augenkontakt, damit Sie notfalls noch mit einem Hörzeichen eingreifen können.

Wartet Ihr Hund nicht so lange, bis Sie wieder bei ihm sind, und kommt zu Ihnen, um sich sein Leckerli zu holen, leinen Sie ihn ruhig an, gehen zu dem Platz zurück, an dem er gesessen hat, und versuchen es erneut. Beenden Sie jede Übungseinheit rechtzeitig und mit einem Erfolgserlebnis für den Hund.

Im Alltag ist die Übung „Platz" wichtiger. Sie muss zuverlässig ausgeführt werden. Für den Hund ist dies angenehmer, da er lieber liegt als sitzt.

Platz

Klappt die Sitzübung mit dem Leckerli, lassen Sie Ihren Hund sitzen, zeigen ihm das Leckerli und führen es langsam in der Hand zu Boden. Ihr Hund möchte es haben und wird Ihrer Hand folgen. Während dieser Bewegung kommt das Hörzeichen „Platz" und der Hund bekommt das Leckerli aus der Hand, wenn er liegt. Hat er begriffen, dass er sich auf das Hörzeichen hinlegen soll und dann seine Belohnung bekommt, erfolgt die Handbewegung immer schneller. Das Liegenbleiben wird so geübt, wie beim Sitzenbleiben beschrieben.

Fuß

Damit nicht das Klischee „großer Hund zieht Herrchen an der Leine hinterher" bedient wird, sollte diese Lektion wirklich gelernt werden. Stressfreie Spaziergänge sind das Ziel. An Leine und Halsband gewöhnt wurde Ihr Hund schon bei seinem Züchter. Jetzt gilt es weiter daran zu arbeiten. Auch bei dieser Übung ist, wie bei allen anderen, der Augenkontakt die wichtigste Voraussetzung. Ihr Hund wird belohnt, sobald die Leine nicht mehr auf Spannung ist. Zeigen Sie ihm ein Leckerli. Will er dies und kommt zu Ihnen, geben Sie es ihm. Er wird sich gleich wieder entfernen. Sie bleiben ruhig stehen. Die Prozedur wiederholt sich. Nun gehen Sie ein paar Schritte. Versucht er erneut, an gespannter Leine weiterzugehen, bleiben Sie wieder stehen. Augenkontakt, Leckerli. Sobald Ihr Welpe nun neben Ihnen einige Schritte an lockerer Leine herläuft, kommt das Hörzeichen „Fuß", er wird gelobt und bekommt sein nächstes Leckerli. Aber nur bei Augenkontakt und lockerer Leine.

Auch diese Übung sollte zu Beginn natürlich an einem möglichst ablenkungsarmen Platz stattfinden, sonst ist es für den Kleinen zu schwierig. Üben Sie anfänglich nur ganz kurze Sequenzen, natürlich mehrmals am Tag. Beenden Sie diese Übungen immer nur dann, wenn Ihr Hund an lockerer Leine sein Leckerli bekommen hat. Er wird nie abgeleint, wenn die Leine gespannt ist. Verringern Sie die Gabe von Leckerli und loben Sie Ihren Hund, wenn er ohne Spannung an der Leine läuft, auch durch Streicheleinheiten. Durch diese Übungen lernt er, Augenkontakt zu halten, und dass es beim Ziehen an der Leine keine Belohnung gibt.

Natürlich muss Ihr Hund beim Spaziergang nicht unentwegt mit Ihnen Augenkontakt haben und mit Leckerli belohnt werden. In der Lernphase ist dies jedoch notwendig, damit der Hund versteht, was Sie von ihm wollen, wenn das Hörzeichen „Fuß" kommt, und dass es beim Ziehen an der Leine keine Belohnung gibt.

Spielen Sie mit Ihrem Hund immer nach einzelnen Übungseinheiten. Lockern Sie ihn auf, damit die Anspannung des Lernens herausgenommen wird. Nur durch ständige Wiederholungen kann der Hund diese Übung in seinem Langzeitgedächtnis abspeichern.

Pausen festigen das Gelernte

Alle Übungen können durch die Nachprägung intensiv verinnerlicht werden. Dies bedeutet, dass man seinem Hund nach jeder Übungseinheit eine mentale Pause gönnen sollte. Hierdurch wird der Lernvorgang gefestigt.

Dieser Dogge ist die Freude an der Übung anzusehen: eng bei Fuß mit Blickkontakt und sehr aktiv ohne Leine.

So könnte es weitergehen

Die Erziehung und Ausbildung ist neben der Zucht von Rassehunden eine Hauptaufgabe des VDH und seiner Mitgliedsvereine. Es gibt über 5.000 Übungsplätze in Deutschland. Dort geben kompetente Trainer Tipps und Hilfestellung. Für jedes Mensch-Hund-Team haben die Mitgliedsvereine des VDH das passende Angebot, auch für unsere Deutschen Doggen. Ratsam ist es jedoch, sich Trainer zu suchen, die schon Erfahrung mit dieser Hunderasse haben, wie z. B. die Übungsleiter im Deutschen Doggen Club. Denn nicht jeder kennt die Charaktereigenschaften von Deutschen Doggen.

VDH-Hundeführerschein

Der VDH-Hundeführerschein ist eine Prüfung, die auf den sozialverträglichen Hund und das problemlose Auftreten des Gespanns von Hund und Halter im Alltag abzielt. Hat man seiner Dogge den Grundgehorsam beigebracht, ist das Ablegen dieser Prüfung sicher kein Problem. Das theoretische Wissen wird in einem Kurs vermittelt. Eine Vereinsmitgliedschaft ist für eine Teilnahme nicht notwendig. Die Erfahrung zeigt, dass sich der Nachweis, den VDH-Hundeführerschein abgelegt zu haben, in bestimmten Situationen durchaus positiv auswirkt.

Auf den Übungsplätzen stehen erfahrene Trainer zur Verfügung. Situationen, die für die Erziehung und Ausbildung notwendig sind, können hier simuliert und geübt werden.

Begleithundeprüfung

Bei dieser Prüfung, bei der die Erziehung des Hundes auf Alltagstauglichkeit im Vordergrund steht, wird neben der Verkehrssicherheit auch die Sozialverträglichkeit und Unbefangenheit des Hundes überprüft. Aber auch der Halter des Hundes muss beweisen, dass er über Grundwissen in der Hundehaltung verfügt, und in einem Sachkundetest diverse Fragen beantworten. Die bestandene Begleithundeprüfung ist eine Voraussetzung für weitere Sportarten mit dem Hund, bei denen Prüfungen abgelegt werden, ausgenommen die Unterordnungsprüfung 1 im DDC.

Ausbildung im DDC

Vor rund 50 Jahren wurde im Deutschen Doggen Club 1888 e. V. (DDC) mit der planmäßigen Ausbildung von Deutschen Doggen begonnen. Nicht alle Funktionäre waren damals von der Notwendigkeit überzeugt, dass auch eine Deutsche Dogge ausgebildet werden kann oder natürlich von Fall zu Fall auch ausgebildet werden muss. Die Bedenken waren groß, dass Leistungsprüfungen einmal eine Voraussetzung für die Zucht von Deutschen Doggen werden könnte. Das Bestehen einer Wachhundeprüfung war das Ziel, auf das in den Ortsgruppen hingearbeitet

Damit die Fährtensuche allen Beteiligten Freude macht, sollte sie nur unter fachkundiger Leitung geübt werden. Fehler im Trainingsaufbau sind hinterher sehr schwer wieder zu korrigieren.

wurde – in Ermangelung von Prüfungen, die für die Deutsche Dogge als geeignet angesehen wurden. Die Schutzhundeprüfung mit dem Schutzdienstteil kam aufgrund der Größe und Kraft einer Dogge nicht infrage. Das Risiko, dass hierbei der Schutzdiensthelfer verletzt werden könnte, wollte niemand eingehen. Eine Lösung musste gefunden werden, die es den Clubmitgliedern möglich machte, mit ihren Hunden zu arbeiten und sie zu einem sicheren Begleithund zu erziehen.

Aus diesem Grunde setzten sich die Verantwortlichen im DDC, die sich mit der Ausbildung befassten, zusammen und erarbeiteten eine eigene Prüfungsordnung, speziell zugeschnitten auf die Deutsche Dogge und ihr Leistungsvermögen und unter Berücksichtigung ihrer körperlichen Beschaffenheit. Klettern über eine 1,80 Meter hohe Steilwand wollte man den Hunden nicht zumuten. Grundlage waren die Anforderungen, die der VDH in den Sparten Fährtenarbeit und Unterordnung formuliert hatte, wobei die Vorgaben für die Fährtenprüfung komplett übernommen wurden.

Tipp
Informieren und zuschauen
Über die gesamte Angebotspalette im Bereich Hundesport kann man sich auf der Homepage des VDH informieren (www.vdh.de). Bei Interesse können Sie vorab auch einmal ohne Ihre Dogge beim Training zuschauen.

Gearbeitet und ausgebildet wird im DDC seit Mitte der Siebzigerjahre deshalb nach einer eigenen Prüfungsordnung. Diese wurde im Laufe der Jahre einige Male verändert und immer wieder aufgrund neuer Erkenntnisse angepasst. Angeboten wird eine Erstprüfung, die komplett vom VDH übernommene Begleithundeprüfung, eine Unterordnungsprüfung in den Stufen 1, 2 und 3, eine Fährtenprüfung in den Stufen 1, 2 und 3 sowie eine Fährtenhundprüfung.

Relativ selten wird von dem Angebot Gebrauch gemacht, mit einer Deutschen Dogge auf eine Ausdauerprüfung hinzuarbeiten. Diese Prüfungen werden durch DDC-eigene Leistungsrichter abgenommen und deswegen vom VDH nicht anerkannt, z. B. wenn es um die Wertung des Sportabzeichens geht. Für die Erziehung und Ausbildung einer Deutschen Dogge ist das aber ohne Bedeutung. Wichtig ist, dass die Hunde erzogen werden und dass den Mitgliedern geholfen wird, Fehlentwicklungen im Verhalten der Hunde zu korrigieren. Dies geschieht in den einzelnen Ortsgruppen des Clubs durch sachkundige Übungsleiter und Übungswarte, die verpflichtet sind, sich laufend fortzubilden.

Ausdauerprüfung

Hier stellen Hundeführer und Hund beim Laufen am Fahrrad über eine Distanz von 20 km mit einer Durchschnittsgeschwindigkeit von 12 bis 15 Stundenkilometer ihre Ausdauer unter Beweis, ohne danach erhebliche Ermüdungserscheinungen zu zeigen.

Fährtenhundprüfungen

Die Fährtensuche ist eine der anspruchsvollsten Aufgaben für Hunde. Dabei arbeitet der Hund eine 1,2 bis zu 2 km lange Fährte mit Winkeln und Bögen aus und soll dabei vorgeschriebene Gegenstände auffinden. Diese Prüfung ist die Königsklasse in der Fährtenarbeit.

Vielseitigkeitsprüfungen

Das Element Schutzdienst mit einer Deutschen Dogge soll hier vernachlässigt werden. Im Element Fährtenarbeit gilt es, 300 bis 600 Schritt lange Fährten zu verfolgen und bis zu drei Gegenstände zu erkennen und anzuzeigen. Dies wurde vom DDC komplett übernommen. Deutsche Doggen sind geradezu begeistert, wenn mit ihnen Fährtensuchen geübt wird. Die Abteilung Unterordnung ist nahezu identisch mit der DDC-eigenen Prüfungsordnung. In Übungen wie der Leinenführigkeit, Freifolge, Sitz, Platz und Steh aus der Bewegung sowie Apportier- und Kletterübungen soll der Hund zeigen, dass er freudig, exakt, schnell und aufmerksam die Hörzeichen des Hundeführers ausführt.

1

2

3

4

Apportieren

Damit eine Prüfungsreife erreicht wird, muss das Apportieren konsequent geübt werden. Das 500 oder 1000 Gramm schwere Bringholz wird mindestens zehn Schritte weit geworfen. Liegt es auf dem Boden, gibt die Hundeführerin das Hörzeichen „Bring“. Jetzt muss der Hund schnell zum Bringholz laufen, es sofort aufnehmen und ihr zügig und direkt bringen. Hierbei muss er sich dicht und gerade vor seine Hundeführerin setzen und das Bringholz so lange im Fang halten, bis sie es ihm nach ca. drei Sekunden mit dem Hörzeichen „Aus“ abnimmt. Die Hundeführerin nimmt das Bringholz an die rechte oder linke Seite ihres Körpers. Nach ca. drei Sekunden nimmt sie mit ihrem Hund die Grundstellung ein.

Bei dieser Zuchtgruppe sieht man sehr deutlich den Unterschied zwischen Rüde und Hündin. Die Einheitlichkeit der gezeigten Hunde wird gewertet.

Ausstellungen

Es gibt sicher mehrere Gründe, warum man sich bei der Anschaffung eines Hundes für einen Rassehund entschieden hat. Warum also diese Rasse und keine andere? Analysiert werden die Charaktereigenschaften in der Hoffnung, dass der ausgewählte Hund auch das rassetypische Verhalten zeigt. Es geht weiter darum, dass die Rasse keine schweren Gendefekte aufweist, die von vornherein das Zusammenleben belasten könnten, denn man möchte ja einen gesunden Hund.

Die richtige Wahl hat man getroffen, wenn das Gesamtbild stimmt. Der Hund muss in der Größe, der Beschaffenheit des Fells und natürlich in seinen Charaktereigenschaften den Vorstellungen des Interessenten entsprechen.

Hat man sich für eine Deutsche Dogge entschieden, dann soll sie sicher auch so aussehen. Deswegen muss es Züchter geben, die den Wunsch haben und deren Ziel es ist, Deutsche Doggen zu züchten, die dem Standard dieser Rasse sehr nahekommen. Dies ist ein großes Ziel. Ganz erreichen wird man es sicher nicht, da es den vollkommenen Hund nicht gibt. Jeder ist anders, hat Vorzüge und Nachteile. Es wäre auch zu einfach, einen Siegerrüden mit einer Siegerhündin zu verpaaren, und es würden daraus lauter kleine Sieger entstehen. Das würde die gesamte Vererbungslehre auf den Kopf stellen. Oft genug werden aus Verpaarungen von Hunden, von denen keiner einen Siegertitel erringen konnte, typvolle Welpen geboren.

Die Beurteilung des Richters

Da nicht jeder Züchter seine eigenen Hunde mit der erforderlichen Objektivität betrachtet, muss es Menschen geben, die die Hunde mit geschultem Auge und großen Sachverstand nach den Kriterien des Standards beurteilen. Dies geschieht auf Ausstellungen. Dort werden die Hunde von Zuchtrichtern danach beurteilt, in welchem Ausmaß sie den Standard verkörpern. Dabei werden die einzelnen Körperregionen unterschiedlich gewichtet. Als Erstes bewertet der Richter den Gesamteindruck, den er von der Dogge hat. Sie muss Adel, Kraft und Eleganz ausstrahlen, selbstsicher im Bewertungsring stehen und ihre Vorzüge beeindruckend präsentieren. Danach beurteilt der Richter die einzelnen Körperpositionen wie den Kopf, die Augen, die Zähne, die Ohren, den Hals, den Rücken, die Kruppe, die Brustpartien, die Stellung sowie die Winkelungen der Vor- und Hinterhand und die Fellfarbe. Großer Wert wird auf das Gangwerk des Hundes gelegt, im Schritt und im Trab. Er soll sich federnd und raumgreifend bewegen.

Nach der Einzelbewertung erfolgt die Platzierung der Hunde, die in dieser Klasse ausgestellt wurden. In der Regel geschieht das, falls mehrere Hunde vorhanden sind, von 1 bis 4. Die Schwierigkeit für einen Richter besteht nun darin, dass er jeweils abwägen muss, ob er die Dogge mit dem schöneren Kopf, aber dem schlechteren Gangwerk, oder doch den Hund mit der wunderschönen Farbe, der leider im Rücken nicht ganz in Ordnung ist, an erste, zweite oder dritte Stelle setzt.

Klasseneinteilung

Natürlich werden die Hunde entsprechend ihrem Alter und der Farbe, getrennt nach Rüden und Hündinnen, gerichtet. Vorgegeben ist diese Einteilung in der Ausstellungsordnung des VDH. Die einzelnen Zuchtvereine haben hier nur ganz geringe Änderungsmöglichkeiten.

Für Hunde zwischen 4 und 6 Monaten gibt es die Babyklasse. Danach kommt die Jüngstenklasse, in der die Hunde zwischen 6 und 9 Monate alt sein dürfen. Die Jugendklasse, die von 9 bis 18 Monate geht, schließt sich an. Aussteller haben aber auch die Möglichkeit, ihren Hund schon mit 15 Monaten in der Offenen Klasse zu melden. Hunde zwischen 15 und 24 Monaten können in der Zwischenklasse ausgestellt werden. Die Veteranenklasse beginnt mit dem achten Lebensjahr. Champions können in der Championklasse starten.

Alle ausgestellten Hunde erhalten eine Wertnote. Dies kann vorzüglich, sehr gut, gut oder genügend sein. In der Baby- und Jüngstenklasse werden die Noten viel versprechend, versprechend und wenig versprechend vergeben. In diesen beiden Klassen berücksichtigen die Richter ganz besonders den Entwicklungsstand der Hunde, da Deutsche Doggen nicht so gleichmäßig wie kleinere Hunderassen wachsen. Die Erstplatzierten können Anwartschaften auf Titel wie Deutscher Champion, Internationaler Champion bekommen oder sogar Bundessieger, Europasieger, German Winner oder Clubsieger werden.

Ringtraining

Die Entscheidung fällt in 5 Minuten. Damit sich der Hund dem Richter möglichst eindrucksvoll präsentiert und seine Vorzüge richtig zur Geltung kommen, sollte dies im Vorfeld geübt werden. Solche Übungen werden von den zuständigen Zuchtvereinen angeboten. Hat man das Zähne zeigen nicht geübt, kann dies zu ersten Schwierigkeiten führen, die damit enden können, dass der Hund entweder völlig verschüchtert oder auch aggressiv wird. Reagiert er aggressiv, wird er sofort disqualifiziert. Zu einem guten Ringtraining gehört auch, dass sich der Hund von einem völlig fremden Menschen anfassen lässt und dabei nichts von seiner Sicherheit verliert. Wie bereits erwähnt, hat die Beurteilung des Gangwerks einen großen Einfluss auf die Wertnote. Deshalb muss dies ganz besonders geübt werden. Viele Hunde hüpfen und springen, beißen in die Leine oder wollen möglichst schnell den Bewertungsring verlassen. Gefordert ist eine nicht zu langsam, aber auch nicht zu schnell an lockerer Leine trabende Dogge an der linken Seite des Vorführers.

Jeder, der erstmals eine Ausstellung besuchen möchte, sollte sich vorab folgende Frage stellen: Habe ich ein Problem damit, wenn der Richter meine Dogge nicht so bewertet, wie ich es mir vorgestellt habe? Sollte man diese Frage mit Ja beantworten, bleibt man besser zu Hause. Verkraftet man ein möglicherweise auch nicht so gutes Richterurteil, so gilt es, sich und den Hund vorzubereiten: Präsentieren im Stand, Laufen an lockerer Leine, Zähne zeigen etc. sollte geübt werden.

173

174

EIN SEHR ERFOLGREICH AUSGESTELLTER UND HOCH PRÄMIERTER RÜDE.

EINE BEREITS IN DER JUGENDKLASSE SEHR ERFOLGREICH AUSGESTELLTE HÜNDIN.

SERVICE

Über Detlef Gügel

Seit 1966 besitzt Detlef Gügel zusammen mit seiner Frau Hannelore Deutsche Doggen. Angefangen hat alles mit einer gelben Hündin, die im Alter von sieben Monaten in seine Familie kam. Ein Jahr später folgte ein gestromter Rüde aus der gleichen Zuchtstätte. Dieser entsprach in allen Belangen Detlef Gügels Vorstellungen von einer Deutschen Dogge. Seine ersten Schritte in der Erziehung bzw. Ausbildung einer Deutschen

Dogge machte er beim PSV Nürnberg Süd. Schon bald merkte er jedoch, dass er mit der Art und Weise dieser Ausbildung mit seinen Doggen nicht zurechtkam. Nach dem Eintritt in den DDC 1969 beschäftigte er sich deshalb intensiv mit diesem Thema. In seiner Ortsgruppe war er dann auch viele Jahre lang für die Ausbildung der Hunde verantwortlich.

1970 fiel schließlich der erste Wurf gelber Doggen in seiner Zuchtstätte von der Burg Thann (www.deutsche-doggen-von-der-burg-thann.de). Im Laufe der Zeit widmete sich Detlef Gügel immer mehr der Zucht. Dazu gehörte auch der Besuch von Ausstellungen: Mehr als 300-mal stellte er seine Hunde innerhalb Europas aus.

Das gemeinsame Ziel von Detlef Gügel und seiner Frau Hannelore ist, Deutsche Doggen zu züchten, die vor allem ihren Besitzern viel Freude bereiten sollen. Diese wählen sie mit großer Sorgfalt aus. Insgesamt sind in ihrer Zuchtstätte 27 Würfe gefallen.

Durch sein Engagement im Deutschen Doggen Club 1888 e. V. konnte Detlef Gügel in allen Bereichen der Hundezucht sowie der Erziehung und Ausbildung reichlich Erfahrungen sammeln. Gehalten werden im Hause Gügel ausschließlich Deutsche Doggen. Meistens sind es zwei bis drei Doggen, die mit engem Familienanschluss leben und Detlef und Hannelore Gügel auf Schritt und Tritt begleiten.

Hannelore und Detlef Gügel mit ihren Deutschen Doggen.

Danke

Allen, die an der Entstehung des Buches beteiligt waren, möchte ich an dieser Stelle herzlich danken. Ein ganz besonderer Dank geht an Jutta Bauernschmitt, die sich ganz spontan und ohne lange zu überlegen entschlossen hat, diesem Buch mit ihren wunderbaren und stimmungsvollen Aufnahmen Lebendigkeit zu verleihen. Dass Jutta Bauernschmitt selbst Züchterin von blauen Doggen ist, sieht man an der Präsenz dieser beliebten Farbe. Werner Hackl danke ich, dass er mir mit seinem Fachwissen über die Erziehung und Ausbildung der Deutschen Dogge an manchen Stellen entscheidend weitergeholfen hat. Ein lieber Dank geht an Sonja Gewinner, die uns bei der Arbeit mit ihrer Deutschen Dogge für Fotoaufnahmen zur Verfügung stand. Iris Garweg hat mir beim Korrekturlesen geholfen, auch dafür ein herzliches Dankeschön. Den vielen Hundefreunden danke ich, dass wir Bilder ihrer Hunde verwenden durften. Ganz besonders Regina Bachmann, die dafür auch weite Wege in Kauf genommen hat. Bei meiner Frau Lore möchte ich mich ausdrücklich dafür bedanken, dass sie mir in den letzten Monaten verständnisvoll den Rücken freigehalten hat, damit das Buch, wie es nun vor uns liegt, überhaupt jemals geschrieben werden konnte. Entscheidenden Anteil, dass aus den Textpassagen und den Bildern ein ansprechendes Buch wurde, haben meine Lektorinnen Ute-Kristin Schmalfuß und Angela Beck. Danke dafür und danke auch für die immer sehr angenehme Zusammenarbeit.

Zum Weiterlesen

Geschichte der Dogge

Deutscher Doggen Club 1888 – 1896 Band I
FCI-Standard 235, Deutscher Doggen Club 1888 e. V.

Nouc, Winfried: Jubiläumsalmanach 1988

Strebel, Richard: Rassehundezucht. Die Deutsche Dogge

Bücher aus dem Kosmos Verlag

Bloch, Günther und Elli H. Radinger: Wölfisch für Hundehalter. Von Alpha, Dominanz und anderen populären Irrtümern.

Eichelberg, Dr. Helga: Hundezucht. Erfolgreich züchten auf Gesundheit, Leistung und Aussehen.

Feddersen–Petersen, Dr. Doris U.: Ausdrucksverhalten beim Hund. Mimik und Körpersprache, Kommunikation und Verständigung.
Hundepsychologie. Mit 90 Minuten Hundefilmen auf DVD.

Führmann, Petra, Nicole Hofes und Iris Franzke: Das Kosmos Erziehungsprogramm für Hunde. Kosmos Welpenschule mit DVD.

Gansloßer, Dr. Udo: Forschung trifft Hund. Neue Erkenntnisse zu Sozialverhalten, geistigen Leistungen und Ökologie.
Verhaltensbiologie für Hundehalter.

Grunow, Alexandra und Rovena Langkau: Mantrailing. Mit Basic-, Sport- und Theratrailing.

Handelman, Barbara: Hundeverhalten: Mimik, Körpersprache und Verständigung, mit über 800 ausdrucksstarken Fotos.

Kitchenham, Kate: Wissen Hunde, dass sie Hunde sind? Wie Hunde denken und fühlen.

Käufer, Mechthild: Spielverhalten bei Hunden. Spielformen und -typen. Kommunikation und Körpersprache.

Quellen zu Ernährung und Gesundheit

Artikel aus der Mitgliederzeitschrift „Unsere Deutsche Dogge“ (uDD) und der Infos der Gesellschaft zur Förderung Kynologischer Forschung der folgenden Autoren:

- Bundesverband Praktizierender Tierärzte e. V.
- Dr. Maria Hänse, Futalis
- Prof. Dr. Roberto Köstlin, LMU München
- Dr. med. vet. Jan Gerd Kresken
- Prof. Dr. Georg von Samson-Himmelstjerna, FU Berlin
- Prof. Dr. Uwe Truyen, Uni Leipzig, Vors. der ständigen Impfkommission
- Prof. Dr. Jürgen Zentek, Veterinärmedizin Freie Universität Berlin

Nützliche Adressen

Verband für das Deutsche Hundewesen
VDH e. V.
Westfalendamm 174
D - 44141 Dortmund
Tel.: 02 31 - 56 50 00
www.vdh.de

Österreichischer Kynologenverband ÖKV
Siegfried Marcus-Str. 7
A - 2362 Biedermannsdorf
Tel.: 0 22 36 - 71 06 67
www.oekv.at

Schweizerische Kynologische Gesellschaft
SKG
Postfach 82 76
CH - 3001 Bern
Tel.: 0 31 - 3 06 62 62
www.skg.ch

Deutscher Doggen Club 1888 e. V.
Kappelstr. 51
D - 90559 Burgthann
Vorsitzender@doggen.de
www.doggen.de

Gesellschaft zur Förderung Kynologischer
Forschung GKF e. V.
Mozartstr. 13
D - 53919 Weilerswist
Service-Telefon: 01 80 - 3 34 74 94
info@gkf-bonn.de
www.gkf-bonn.de

Register

Bildnachweis

142 Farbfotos wurden von Jutta Bauernschmitt/Kosmos extra für dieses Buch aufgenommen.
Weitere Farbfotos von Detlef Gügel (3: S. 15oben, S. 62 und S. 81).

Historische Abbildungen S. 12, 13 aus: Deutsches Doggen-Stammbuch, Band 1. Herausgegeben vom Deutschen Doggen-Club 1888/96, im Verlag des Clubs, 1897.

Impressum

Umschlaggestaltung von eStudio Calamar unter Verwendung von 4 Farbfotos von Jutta Bauernschmitt/Kosmos.

Mit 145 Farbfotos

Unser gesamtes Programm finden Sie unter **kosmos.de**
Über Neuigkeiten informieren Sie regelmäßig unsere Newsletter, einfach anmelden unter **kosmos.de/newsletter**

Gedruckt auf chlorfrei gebleichtem Papier

ISBN 978-3-440-14107-6
Redaktion: Ute-Kristin Schmalfuß, Angela Beck
Gestaltungskonzept: eStudio Calamar
Gestaltung und Satz: Atelier Krohmer, Dettingen/Erms
Produktion: Eva Schmidt
Printed in Germany / Imprimé en Allemagne

FSC
www.fsc.org
MIX
Papier aus verantwortungsvollen Quellen
FSC® C004592